中公新書 2751



有村俊秀
日引　聡 著

# 入門 環境経済学 新版

## 脱炭素時代の課題と最適解

中央公論新社刊

# はじめに

本書の旧版は、環境問題や環境政策に関心のあるビジネスマン、行政官、大学生はじめさまざまな方、また、思いもよらず高校生の方を含め、非常に多様な方に読んでいただいた。出版後21年が経過し、当時重要であった問題や環境政策が大きく変化してきた。今回の新版では、分析ツールとしての理論の部分については、旧版を引き継ぎつつ、私たちが直面する現実の問題とその政策については、最新の情報に大幅に書き換えた。

私たちは普段から環境問題に直面し、それに対してさまざまな考えを持っている。しかし、その考え方に、欠けている視点はないだろうか？　なぜ環境経済学的思考が望ましい環境政策の制度設計を考えるうえで重要なのだろうか？

以下に詳しく述べるように、本書は、物事の見方の基盤となる考え方（理論）を解説したうえで、『現在、私たちが直面する環境問題解決に効果的な環境政策が行われているだろうか？　問題解決のために、私たちが進むべき道は何か？』という視点から環境政策のあり方を議論している。

## わたしたちの生活と環境汚染　わたしたちは、被害者か、それとも汚染者か？

気候変動（気温上昇や豪雨や干ばつなどの異常気象）、プラスチック廃棄物汚染、生態系破壊、森林減少、海洋汚染など、わたしたちは多くの環境問題に直面している。これらの環境汚染や環境破壊の責任はだれにあるのだろうか？

すべての人は、必ず、環境問題とかかわっている。

たとえば、わたしたちが電気を消費することによって、発電所では石炭や石油、天然ガスが燃やされ、地球温暖化の原因となる二酸化炭素（$CO_2$）や、酸性雨の原因となる硫黄酸化物（$SO_x$）、窒素酸化物（$NO_x$）が大気中に排出される。

また、肉の生産のために飼われる家畜や水田からは温暖化の原因となるメタンが排出される。東南アジアで栽培されるアブラヤシを原料にして作られるパームオイルは、パンやお菓子、洗剤、化粧品などさまざまな用途に使われており、世界で最も使用されている植物油といわれている。しかし、アブラヤシを生産する農園の拡大にともなって、熱帯雨林が減少し、生態系に悪影響が生じている。

わたしたちの消費活動の背後では、それを支える生産活動のために、多量のエネルギーや資源が消費され、汚染物質の排出による環境汚染や自然環境の破壊が進行している。

環境汚染や自然環境の破壊に直接かかわる主体は、多くの場合生産者である。しかし、製品やサービスが、消費に応じて生産されることを考えると、消費が環境問題の大きな要因となっていることがわかる。わたしたちは、被害者であると同時に、間接的な汚染者であることが容易に理解されよう。

## 技術開発は万能か？

環境問題を解決するために最も重要なことは、汚染物質を除去、削減する技術の開発であると考える人は多い。しかし、それだけで充分であろうか？

確かに、太陽光発電や風力発電などの自然エネルギー利用技術の開発、電気自動車の開発、汚染物質除去装置やリサイクル技術の開発など、環境保全型技術の開発は、環境汚染の防止に大きく貢献する。しかし、技術が開発され、それらの技術を利用することが環境にとって望ましいとわかっていても、技術利用の費用が大きな障害となり、導入が充分進まないという問題がある。

たとえば、太陽光パネルによる発電によって、電力消費量を抑制できれば、発電によって生じる二酸化炭素、窒素酸化物などの汚染物質の発生量を削減することができる。しかし、太陽光パネルの設置コストが、節約できる電気代を大きく上回るようであれば、費用負担が大きくなりすぎるため、太陽光パネルを設置する人は少ないだろう。この結果、太陽光パネルは、政府による補助金などの支援がない限りなかなか普及しないことになる。

このように、社会的に望ましい技術が存在していても、それが社会に普及しなかったり、また、技術開発が社会的に望ましいとわかっていても、充分な技術開発投資が実施されないならば、環境はよくならない。

## 環境倫理・環境教育とその実効性

環境問題が深刻化するにつれて、わたしたちのライフスタイルを、環境負荷の低いものに変えることの必要性が盛んに議論されるようになってきた。これにともなって、環境倫理や環境教育の重要性を主張する意見がしばしば見られるようになってきた。

しかし、これらの議論の多くは、環境の大切さを唱えたり、リサイクルの必要性やエネルギー消費節約の必要性を唱えるだけであり、人びとの良心、モラルに頼ったものが多い。

もちろん、このような議論が重要なのはいうまでもない。しかし、モラルや良心だけに頼るようなやり方では、なかなか環境保全に無関心な人や企業の行動を変えることはできない。このため、その実効性の疑わしいものも多い。

たとえば、大気汚染物質の排出を抑制しようとすると、自動車に乗るのを止めなければならない。飛行機は大量の燃料を消費するので、海外旅行に行くこともあきらめなければならない。また、工場では、汚染物質除去装置を設置したりしなければならない。このように、環境保全に役立つ行動をとろうとすると、さまざまな不便や費用が生じる。

このため、環境保全的に行動することが今のわたしたちの社会や将来の世代のために重要であるとわかっていても、それによる不便さや費用負担が大きくなればなるほど、環境保全的な行動をとる人や企業の割合は低下する。多くの人びとが環境保全的な行動をとったとしても、そうでない人びとが好きなだけ環境を汚染しつづけることができるかぎり、環境保全の効果は弱くなる。

さらに、教育によって人びとの考え方や価値観を環境保全型に変えていくには、長い時間がかかる。また、一部の人びとや企業の行動を変えることはできたとしても、すべての人びと・企業の行動を変えることはほとんど不可能である。

このように、人びとの良心やモラルだけに頼って環境を保全することは、一部の良心的な人びと・企業の負担（費用負担、不便さ）を重くし、そうでない人びと・企業を相対的に有利にすることになる。

## 環境保全型社会システムの構築と環境経済学

大多数の人や企業が自分の行動を環境保全的なものに変えないかぎり、いつまでたっても問題は解決しない。環境保全のために必要なことは、一部の良心的な人や企業に頼るのではなく、環境保全に対して無関心な人や企業の行動を環境保全的なものに誘導することである。そのためには、環境を汚染すれば自分の不利益も大きくなり、環境保全に貢献すれば自分の利益も大きくなるような仕組みを、社会に作ることが大切である。

たとえば、環境税はそのような仕組みの一つである。環境税は、汚染物質の排出に応じて課税されるので、汚染物質を排出する人や企業は、汚染物質の排出量を増やせば、環境税の支払いが大きくなる。このため、環境保全的に行動しないことの不利益が大きくなる。

このように、根本的に社会の仕組みを変え、環境汚染を助長するような行動をとる人や企業が損をするような社会を作り上げていくことが、豊かな社会を作り上げていくうえで、重要となる。

## 消費の豊かさvs環境の豊かさ――トレードオフと環境経済学の役割

それでは、わたしたちは、いったいどこまで汚染物質の排出量を抑制すればよいのだろうか？

生活の豊かさとは、良好な環境からもたらされる豊かさ（以下では、環境保全の利益と呼ぶ）と所得・消費からもたらされる豊かさ（以下では、所得・消費の利益と呼ぶ）を合わせたものである。汚染物質の排出量を減らせば減らすほど環境はよくなり、環境保全の利益は大きくなる。しかし、そのいっぽうで、汚染物質削減のための費用負担が大きくなり、企業の利潤や家計の所得を減少させたり、さまざまな製品の価格が上昇したりして消費者の利益を減少させる。このように、環境保全の利益と所得・消費の利益はトレードオフ（二律背反）の関係にある。

このことは、環境保全の利益を最大にすることによって、所得・消費の利益が大きく失われる可能性があることを意味している。たとえば、環境保全の利益を最大にするためには、環境汚染をゼロにしなければならない。しかし、そのためには、場合によっては生産をゼロにしなければならないかもしれない。環境をいくら保全しても、わたしたちの生活水準が極端に落ち込むなら、そのような環境保全のあり方は最適な生活の豊かさを表すものとは考えられない。

誤解を恐れずにいうと、環境はわたしたちの生活にとってひじょうに大切なものであるが、豊かさの構成要素の一つでしかない。そういう意味において、汚染によって生命の危機が生じるような場合を除き、所得・消費の利益を確保するために、ある程度の汚染物質の排出を許容する必要があるであろう。すなわち、わたしたちが、生活の豊かさを最大にするために、環境保全の利益と所得・消費の利益のどちらか一方だけを追求しようとすることは望ましくない。バランスのとれた豊かさを実現するためには環境をどの程度保全し、そのために所得・消費の利益をどの程度犠牲にするかについて意思決定する必要がある。

このため、環境保全のあり方を検討していくうえで、わたしたちが明らかにしなければならないことは、

(1)生活の豊かさ、あるいは、社会全体の利益を最大にするためには、製品やサービスの生産・消費をどの程度抑制し、汚染物質の排出量をどの程度まで抑制すればよいか？

(2)そのためには、どのような環境政策を実施することが望ましいか？

である。環境経済学の基礎理論を学ぶことによって、このような疑問に対する答えが明らかに

なるであろう。

### 環境政策と金融市場の評価

第1章で詳しく説明するように、企業の汚染物質排出量削減のために、環境税などの導入が重要な役割を果たす。環境負荷の大きい企業に対して環境保全の責任の一端を果たさせる社会的仕組みを構築することは、金融市場における株価（あるいは企業価値）にも大きな影響を与える。将来、厳しい環境政策が実施されることが予想されたり、あるいは、実際に実施されている場合には、環境負荷の大きい企業の削減費用（あるいは、削減費用の将来負担）は大きくなるため、企業の現在あるいは将来の収益は低くなる。また、近年、社会的に環境保全の取り組みが充分でない企業は、取引先として選ばれなくなりつつある。このため、投資家は、汚染物質排出量の削減や環境保全への取り組みが充分な企業を選ぼうとする。この結果、企業の環境保全への取り組みが、その株価（あるいは、企業価値）に大きな影響を与える。したがって、上場企業については、環境政策だけでなく、金融市場も企業の環境保全活動を促進する役割を果たす。このとき、金融市場が適切に企業を評価する場となるためには、企業の環境保全に対する取り組みや企業の環境負荷についての情報公開が重要な政策になる。

### 本書のねらい

わたしたちには、解決していかなければならない環境問題がたくさんある。しかし、早急な対策の実施が望まれていても、対策の実施によって利益を失う人びと、企業、産業界、国々との間の合意が困難であったり、合意のための時間がかかるため、対策の実施が遅れがちである。

また、環境問題解決のために、いろいろな政策が提案されていても、それらの中には、経済学の観点から見て誤りであるものも多い。仮に対策が実施されても、それが不適切であれば、問題の解決にいたらなかったり、解決を遅らせることになる。

環境問題の深刻化にともなって、日本でも環境問題を扱う経済学として、環境経済学という分野が確立され、環境経済学に関する教科書も出版されている。

しかし、多くの教科書では、基礎理論に関する一般的な解説があるだけであり、理論を応用して、現在、わたしたちが直面している環境問題に対する政策の問題点や望ましい政策のあり方を解説するという視点で書かれた教科書は少ない。

このため、本書は、次のような問題意識にもとづいて書かれている。

⑴環境政策のあり方を考えるうえで必要な環境経済学の基礎理論を簡明に解説すること。

⑵環境経済学の基礎理論を環境問題に応用し、望ましい環境政策のあり方について解説すること。具体的には、「問題が解決しないのはなぜか」、「現在の政策のどこに問題があるのか」、「どのような政策の実施が望ましいのか」、について解説すること。

⑶日本が直面する重要な環境問題を取り上げ、その現状や実施されている政策について解

説すること。

本書は、第1章から第4章までを第1部とし、第5章から終章までを第2部としている。第1部では、環境問題を分析するための基礎的な理論を解説している。とくに、第1章は、全体を通して環境経済学の最も基本的な部分となる。したがって、これから環境経済学を勉強しようとする読者、経済学（とくに、ミクロ経済学）を復習したい読者は、第1章から読まれることをお勧めする。いっぽう、ミクロ経済学の基礎的な理論、とくに、費用便益分析（余剰分析）を理解している読者は、第1章を飛ばしていただいてもよい。第2章から第4章までは、それぞれ、お互いに独立しているので、どの順番に読んでも大丈夫である。読者の興味にあわせて読んでいただければよい。

また、第2部では、現在日本が直面している環境問題のうち、廃棄物問題、大気汚染問題、気候変動問題を取り上げ、問題の現状、環境政策の現状などについて説明し、政策の問題点を指摘するとともに、望ましい政策のあり方について議論している。現在、カーボンニュートラルやカーボンプライシングの問題、再生可能エネルギーの活用、マイクロプラスチック問題が国内的にも重要な課題となっている。国際的には、気候変動問題解決に向けた国際協調の問題や途上国の大気汚染問題などが重要課題となっている。このため、新版では、第2部について、旧版の内容を大幅に書き換えた。第5章で、近年、施行されたさまざまなリサイクル法の問題とその課題を解説するとともに、新しい廃棄物問題である『マイクロプラスチック問題』を解説している。第6章では、国内の大気汚染問題に加え、発展途上国で深刻化する大気汚染問題を取り上げている。そこでは、国内の自動車$NO_x$・PM法が費用便益の観点から見て望ましい政策だったかどうかを解説し、また、途上国の大気汚染問題の深刻な状況を解説するとともに、解決のために必要な政策について議論している。第7章では、気候変動問題について解説するとともに、最新の気候変動対策である、カーボンプライシングに関して、さまざまな論点を解説し、望ましい制度設計について議論している。終章では、反グローバリズム時代における気候変動政策のあり方と日本が進むべき政策の指針について議論している。

現実の問題にのみ興味のある読者、経済学の基礎的な理論を勉強したことのある読者は、第1部を飛ばして、第2部だけを読んでいただいてもよい。なお、各章の担当は、第1・3・6・7・終章が有村、第2・4・5章が日引である。

本書は、環境経済学に関心のある学生や、政府・地方自治体で環境政策に携わっている人だけでなく、日本の環境問題や環境政策に関心のある幅広い読者を念頭に置いて書いたものである。本書が、これらの方々にとって有益な情報を提供できることを期待したい。

日引　聡

目次

## 第7章 気候変動とカーボンプライシング……169

# 第1部　環境経済学の基礎理論

# 第1章　環境問題と市場の失敗

## I　消費者の利益と生産者の利益――需要曲線と供給曲線を理解する

今、あなたはどんな場所でこの本を読んでいるのだろうか？　カフェでコーヒーを片手に、ページをめくっているかもしれない。実は、このコーヒー1杯にも環境経済学の基本的要素がつまっているのだ。

消費者であるあなたは、コーヒー1杯を消費することで何らかの満足を得ている。また、生産者であるカフェは、1杯のコーヒーを販売することでいくらかの儲《もう》けを出している。さらに、そのコーヒーをいれるお湯を沸かすためにはガスや電気が使われる。ガスの燃焼は、地球温暖化の原因となる二酸化炭素の排出につながるのである。電気を使う場合も石炭や天然ガスが発電に使われていれば二酸化炭素が排出される。

つまり、1杯のコーヒーにも、消費者と生産者それぞれの利益と、さらには、環境問題までかかわっているのである。

このように、コーヒーの消費にともなう消費者や生産者の経済活動と環境問題を、同じ土俵で考えようとするのが環境経済学なのである。

経済学は言葉の響きとは異なり、金儲けをするための学問ではない。望ましい社会を実現するための市場の役割や、政府の役割を明らかにするための学問である。経済学の枠組みを用いれば、環境問題も経済活動も統一的な枠組みで理解することができる。

では、経済学はどのようなアプローチで市場や政府の役割を明らかにしているのだろう。この章では、まず、市場だけでは環境問題を解決できないことや、政府がとるべき政策に

図1－1　コーヒーの需要曲線と消費者余剰

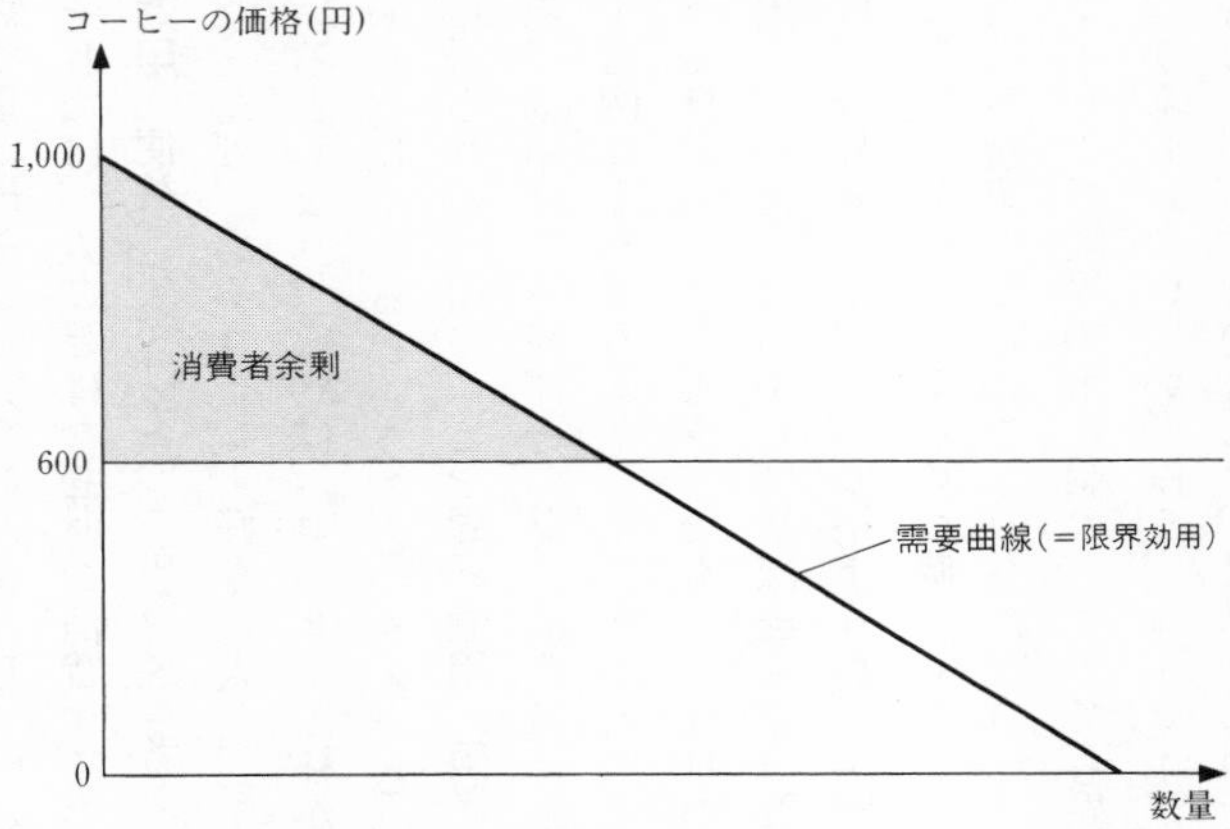


（注：縦軸の値〔価格〕が横軸の値〔需要量〕を決定している点に注意）

ついて説明する。すでにミクロ経済学の基本的知識のある読者は、この章を読み飛ばして、第2章に進んでいただいてもかまわない。

**財の消費と消費者の利益——消費者余剰**

経済学を勉強したことのない人でも、供給曲線と需要曲線の図を見たことがある人はいるだろう。二つの線が交わるところで価格が決まるというあの図である。はじめに消費者の行動を理解するために、需要曲線について説明しよう。経済学では個人が消費する商品やサービスのことを**財**と呼ぶ。価格とその財の需要量との関係を表す曲線を経済学では**需要曲線**と呼び、図1－1のように通常右下がりの曲線で表される（本書では需要曲線も供給曲線も直線で表す。しかし一般には直線であるとは限らない）。この曲線は、価格が下がると需要量は増えるということを表している。

それでは、人びとはなぜ財を消費するのだろうか？　それは人びとが消費をすることによって**効用**（**便益**）を受けているからだと考える。

たとえば、あるコーヒー好きな人が、1杯のコーヒーに最大400円支払ってもよいと考えているとしよう。これは、コーヒー1杯から得られる効用が、この人にとって400円の価値はあると見ているということである。このように、コーヒーという財1単位（コーヒー1杯）から得られる効用のことを**限界効用**（**限界便益**）と呼ぶ。

限界効用は、一般にその財の消費量が増えるにしたがって減少する（**限界効用の逓減**《ていげん》）。コーヒーを例にとってみよう。カフェに入って1杯400円のコーヒーを飲む。おいしかったので、もう1杯飲みたいと思う。でも、2杯目のコーヒーに400円払う気がせず、そのままカフェを出る。わたしたちがしばしば経験するこの行動は、経済学的に説明ができる。最初のコーヒーは、限界効用が実際の価格より高いか同じであるため購入する。しかし、2杯目は、限界効用が実際の価格より低いので購入しないのである。つまり、1杯しか購入しないというのは限界効用が逓減していることの表れなのだ。

コーヒーの限界効用は個人によっても異なる。嫌いな人にとっては、コーヒーの限界効用はゼロかもしれない。いっぽう、コーヒーが大好きな人にとっては、コーヒーの限界効用は大きなものとなる。このように、限界効用の大きさは、個人間でも異なる。これら異なる限界効用を左から大きい順に並べたものが需要曲線なのであり、当然、右下がりの曲線になる（需要曲線＝限界効用）。

ところで、支払った費用以上の効用（便益）を得ることがあるだろうか。先ほどのコーヒーの話に戻ってみよう。今あなたはとてもコーヒーが飲みたい。目の前に高そうなカフェがある。1杯1000円くらいはしそうだ。でも、どうしても今すぐコーヒーを飲みたいので、このカフェに入ることにする。すわりごこちのよいソファに、ゆったりとしたテーブル。クラシック音楽が流れるなかで、おそるおそるメニューを開くと、意外にもコーヒーは600円だった。あなたは大満足で1杯のコーヒーを楽しんだ。

ここでは、以下のような経済現象が起きている。コーヒーがどうしても飲みたかったあなたのコーヒーの限界効用は1000円であるといえる。しかし、実際の価格が600円だったので、400円分だけ、実際に支払った価格以上に満足を得ていると考えることができる。この差額を**余剰**という（余剰＝限界効用－価格）。この得の部分を社会全体で足しあわせたものを**消費者余剰**と呼ぶ。需要曲線を用いて考えれば、価格と需要曲線の間の差が消費者余剰にあたる。社会全体での消費者余剰は、図1－1のグレーの三角形の部分に相当する。一般に消費者余剰は価格が低ければ低いほど増加する。

需要曲線の形状は、さまざまな要因によって決定される。たとえば、環境問題と切っても切れないガソリンを例にとろう。自動車の代替となる交通手段が安くなればその交通手段の需要が増え、ガソリンの需要は減少する。つまり、ガソリンの需要曲線は下向きに移動する。また、人びとの所得が増えれば、車を保有する人が増え、ガソリンの需要も増える。つまり、需要曲線は上向きにシフトする。このように、さまざまな要因を加味して、それを価格と需要量とい う断片で切り出したのが、需要曲線なのである。以下ではガソリンを例として話を進めよう。

## 財の生産と生産者の利益——生産者余剰

消費者がガソリンを消費するためには、それを生産する生産者が必要である。生産者の行動を理解するためには、供給曲線を用いると便利である。**供給曲線**は、価格と市場に供給される財の関係を表している。価格が上昇すると、儲けを見込んで、企業は生産を増加するだろうし、価格が下がれば、企業は工場の操業時間を短くするなどして、生産量を減らすだろう。その結果、供給曲線は右上がりになる。

ガソリンスタンドを例に考えてみよう。今、平日の昼間だけ営業しているガソリンスタンドが、さらに売り上げを伸ばそうとしているとしよう。そのためには、深夜、あるいは土曜・日曜に営業をすることが考えられる。しかし、深夜や休日に働く人を雇うためには、通常より高い賃金を払わなければならない。今、休日の単位時間あたりのガソリン売り上げが、平日と変わらないかそれより低いとすると、一定量の売り上げを得るために必要な追加的費用は、以前より高くなることになる。

図1－2　供給曲線と生産者余剰

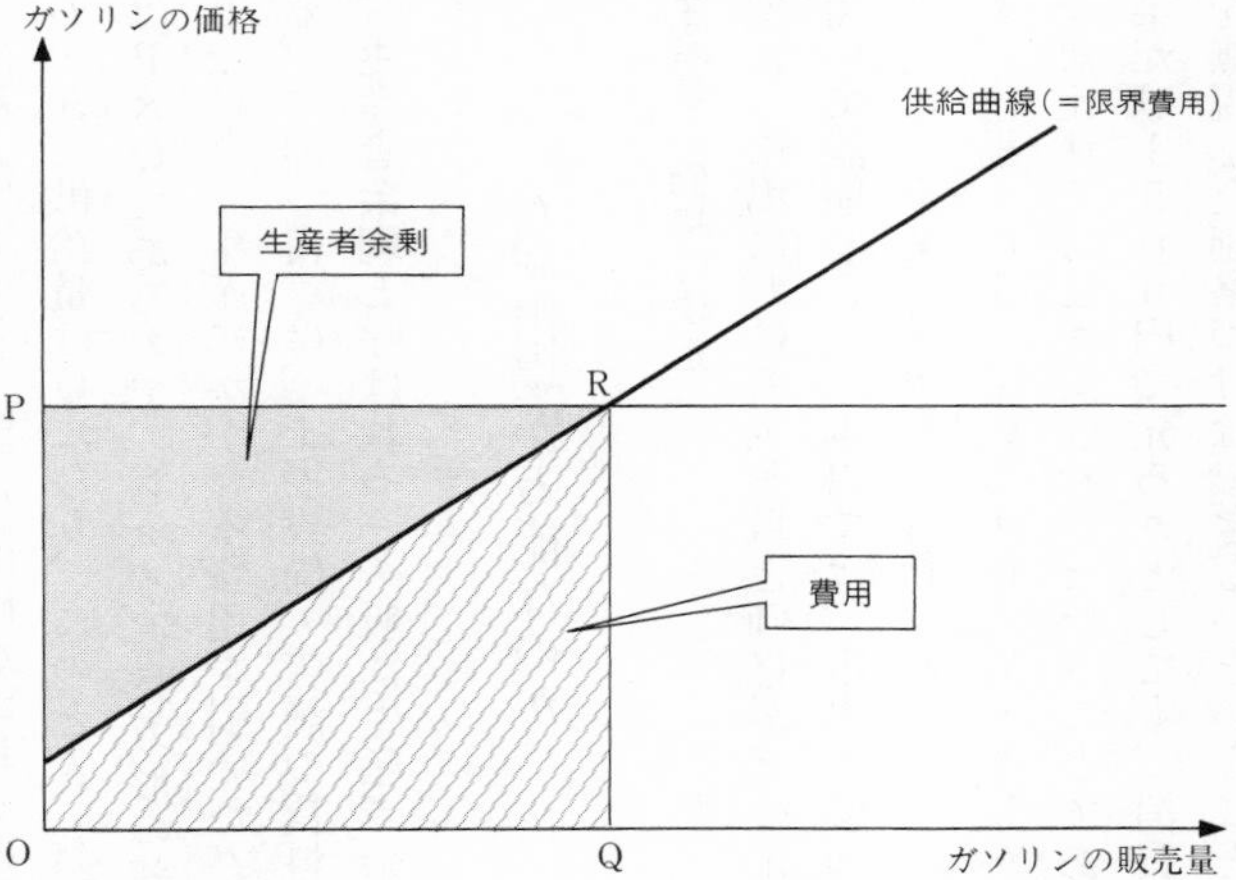


このように、財の生産（ここでは売り上げ）を1単位増加するのに必要な、追加的な費用のことを、**限界費用**という。ガソリンスタンドの例でわかるように、限界費用は、企業の生産量が増加して、ある一定水準を超えていくと増加することになる。限界費用が価格より小さい場合は、企業は生産量を増やすことにより、利益を増やすことができる。そのため、企業は、限界費用と価格が等しくなるところまで生産量を増やすと利益を最大化できる。その結果、企業の限界費用曲線＝企業の供給曲線となるのである。これを市場全体で見ると、**市場の限界費用曲線＝市場の供給曲線**となる。

供給曲線を用いると、生産による企業の利益（儲け）とその行動を考えることができる。供給曲線が限界費用曲線であるため、その下側の面積（図1－2）は、生産にかかわる総費用を表していることになる。たとえば、価格がPのとき、供給量はQになり、このとき、斜線の部分が費用を表している。市場全体での売上額はP×Qであるので、ちょうど長方形の部分（四角形OPRQ）に相当する。したがって、売り上げから生産にかかわる費用を引いたグレーの部分が、生産者の「得」に相当する部分である。この「得」は、工場設備・店舗の賃料などの固定費用を差し引く前の企業の利益に相当し、**生産者余剰**と呼ばれる。一般に生産者余剰は価格が高ければ高いほど増加する。

## II　なぜ市場が万能なのか

### 生産量と価格の決定

次に、市場における生産量と価格がどのように決定されるのかを、需要曲線および供給曲線を用いて説明しよう。本書では、市場に参加する企業が競争的に行動する、**競争的市場**について考える。企業が競争的に行動するということは、どういうことだろうか。それは、どの一企業も、市場で決まっている価格に沿ってしか自分の価格を決められない。自社の意思だけで価格を決定することができないということである。他の企業が1000円で売っているものを一企業だけ1500円で売ろうとしても、消費者は1000円の商品を購入する。つまり、他企業を無視した価格づけはできないということである。

図1－3　市場均衡と費用便益分析

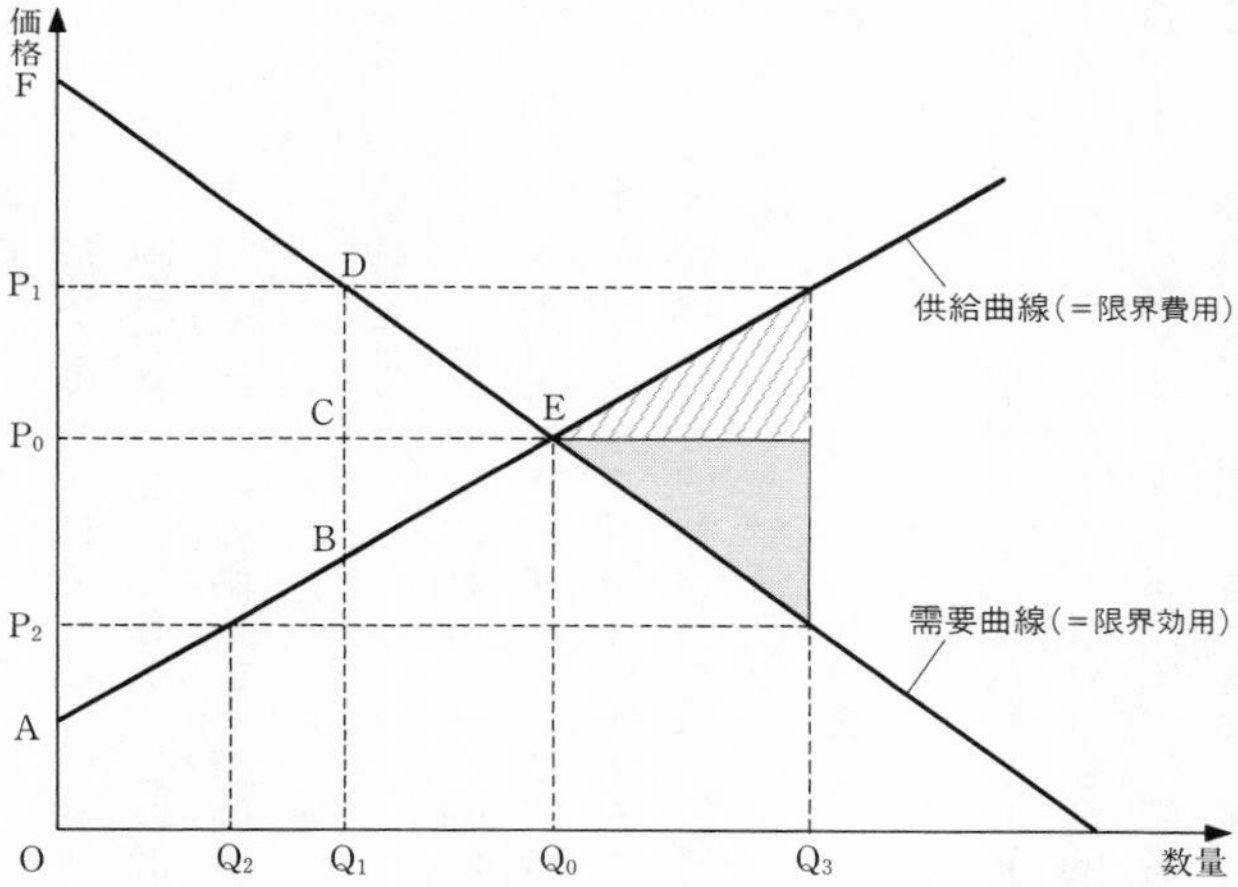


供給曲線と需要曲線を一つのグラフに描くことにより、市場の均衡価格と生産量を見つけることができる（図1－3）。**均衡価格**とは、供給量と需要量が釣り合うような価格のことである。仮に、価格が$P_1$だとしよう。このとき、需要曲線によると、市場での需要量は$Q_1$に決まる。いっぽう、価格$P_1$のもとでは、供給曲線によれば、市場全体では、$Q_3$だけ商品が供給されることになる。ところが供給される量（$Q_3$）が需要量（$Q_1$）より大きいため、大量の在庫が存在することになる。すると在庫を少し安くしてでも売ろうとするので、その結果、財の価格は低下することになる。

価格がどこまで低下すると、市場で需要と供給の釣り合いがとれるのだろうか。価格が$P_2$の場合は、先ほどとは逆に、供給される量（$Q_2$）が需要量（$Q_3$）より小さいことがわかる。この場合は、商品が不足することになり、消費者は少々高くても買おうとするため、価格は上昇する。需要と供給が$Q_0$で一致してバランスがとれるのは、需要曲線と供給曲線が交わる点、つまり、価格が$P_0$のときである。このように需要と供給のバランスがとれることを**市場均衡**という。また、そのときの価格を均衡価格という。

### 望ましい生産量とは?

今度は市場メカニズムを離れて、社会的に望ましい生産量というものを考えてみよう。財の生産を増やして消費者に提供すれば、消費者の効用は増える。しかし、財の生産には費用が必要なため、生産者の費用や利益を無視することはできない。つまり、ある財の消費・生産にかかわる**社会的利益**(**社会的総余剰**)は、消費者にとっての利益である消費者余剰と、生産者にとっての利益である生産者余剰の和になっていると考えることができるのである。

先ほどの図1-3を用いて、社会的利益(=消費者余剰+生産者余剰)を最大化するような財の生産量を考えてみよう。たとえば、市場全体での生産量を$Q_1$だとしよう。このとき、仮に価格が$P_0$だとすると、消費者余剰は四角形$P_0$FDCで表され、生産者余剰は四角形$P_0$CBAで表されることになる。はたして、これは社会的に望ましい状態だろうか。答えはノーである。生産量を少しだけ増やすことによって、生産者余剰も消費者余剰もどちらも増加させることができるからである。だれの痛みもともなわず、より多くの生産者と消費者の利益を増加することができるのである。つまり、$Q_1$というのは、社会的に見て実現可能な余剰を実現していないという意味で、非効率な状態である。生産量を増加することにより、余剰を増加させ、社会の効率をよくすることができるのである。

それでは、社会的利益を最大にするには、生産量はどのように決めればよいのだろうか。今、生産量が$Q_0$だとして考えてみよう。$Q_0$より少しでも生産量を増加させると、供給曲線の値が需要曲線の値を上回ることになる。たとえば、生産量と消費量を$Q_3$まで増加させるとすると、限界効用は、$P_0$より小さくなる（需要曲線が右下がりであることに相当）。仮に価格が$P_0$のままであるとすると、消費者の支払ってもよいと思う額は$P_2$となり、価格$P_0$より小さくなるので、消費者余剰は、グレーの三角形の分だけ減少することになる。

いっぽう、生産者のほうは、生産が$Q_3$まで増加すると費用（$P_1$）が、価格（$P_0$）を上回ることになる。その結果、斜線の三角形の分だけ、生産者余剰も減少する。つまり、$Q_0$を超えて生産をすると、消費者余剰も生産者余剰も減少し、社会全体での利益が減少することになる。限界費用が限界効用より大きい状態であり、100万円稼ぎ出すために、100万円以上を投資するようなものである。当然、$Q_0$より生産量を増加させることは社会的に望ましいことではないのである。

つまり、生産量$Q_0$のときに社会的利益は最大化され、社会的に望ましい状態になっているのである。このように、消費者余剰・生産者余剰を用いて社会の利益を分析することを**費用便益**

分析（余剰分析）という。すでに説明した市場均衡を思い出してみよう。競争的な市場では、価格が$P_0$のとき、生産量と消費量が$Q_0$で均衡がとれるということであった。この$Q_0$は、いま説明した社会的に望ましい生産量そのものである。

このとき、すべての企業の限界費用は価格と等しくなっている。企業が利潤を最大化する条件は、限界費用と価格が一致するところで生産をすることだからである。また、すべての個人の限界効用も、価格と一致していることを思い出そう。つまり、価格＝限界費用＝限界効用のときに、社会的利益が最大化されているのである。

実は、競争的な市場では、消費者が好きな財を好きなだけ購入し、企業は利潤を追求することにより、社会的に望ましい生産量が自然に達成されるのである。政府がさまざまな規制や介入を行わなくても、社会的利益が最大化されるという意味において、市場は効率的なのである。以降、「非効率的」という言葉を使うことがある。これは経済学において社会的利益が最大化されていないことを意味する。

## Ⅲ　なぜ環境問題は解決されないのか——市場の失敗とは

ここまでの説明では、市場経済は社会的利益を最大化するということについて明らかにしてきた。では、市場にすべてをまかせていてよいのだろうか？　政府は企業や消費者の行動に対して何の役割ももたないのだろうか。

市場での価格や生産量が決定されるとき、供給者や消費者の行動すべてが、その決定に織り込まれているわけではない。ある企業・個人の生産・消費活動が、他の企業・個人に市場を経由しないで影響することがある。このとき、企業や消費者の行動が市場の外に影響を及ぼすという意味で、**外部性**があるという。ここまでの説明では、この問題を無視していたが、環境問題や公害問題は、まさにこの外部性の問題である。外部性がある場合の社会的利益について考察してみよう。

## 外部費用の存在

ガソリンが燃焼すると副産物として二酸化炭素が排出される。ガソリンの消費者は、ガソリンに対しては対価を支払っているが、副産物である二酸化炭素の排出に関しては、何の支払いも行っていない。ところが、二酸化炭素が原因で起こる地球温暖化は、気候変動を引き起こしつつあり、さらに深刻な被害が生じることが予想されている。これらの被害は、市場で取引に反映されるわけではなく、直接に被害者が負担する。このように市場の外部で発生する費用（二酸化炭素の例では、温暖化被害）のことを**外部費用**（**外部不経済**）と呼ぶ。

競争的な市場経済のもとでは、人びとが自分の好きな行動をとり、企業は自分の利潤だけを追求しても、社会的に望ましい状態が達成される。しかし、これは環境問題などの外部性のない場合に限られる。ガソリンの消費が二酸化炭素という副産物を通して温暖化を引き起こすような、市場の外部の事態は考慮されていない。生産者が、温暖化被害を考慮に入れて、見返りなしにガソリン販売の自粛を行う保証はない。温暖化被害を心配して、ガソリン購入を減らしている消費者も少ないだろう。それは、温暖化被害が市場の外にあり、価格に反映されていないからである。環境にとくに関心のある企業や消費者は自発的にガソリン消費量を減らす試みを行うかもしれないが、社会全体で行うのでないかぎり、その効果は限定される。

このように、環境問題は市場の外部にあるため、市場メカニズムだけでは解決できない。環境問題は、**「市場の失敗」**と呼ばれる市場メカニズムの欠陥の一例なのである。

**コラム　公共財**

環境問題が市場で解決されない理由の一つは、多くの「環境」的な財が、公共財の性格を帯びていることである。たとえば、きれいな空気、あるいはおいしい空気について考えてみよう。都市部から自然の豊かな国立公園に行って空気がおいしいと感じた経験のある人は多いはず。これが「おいしい空気」という財を消費している状態だ。

この「おいしい空気」の消費はガソリンの消費とどう違うのだろうか？　ある人が「おいしい空気」を満喫していても、それは他の人が同じ空気を吸うことの邪魔にはならない。その隣で別の人もおいしい空気を楽しめる。しかし、ある人がガソリンを消費すれば、その同じガソリンを他の人は消費できない。これを消費の競合性という。「おいしい空気」には、この競合性がなく、**非競合性**を満たしているといえる。

ガソリンと「おいしい空気」の違いはこれだけだろうか？　ある特定の個人にガソリンを消費してほしくない場合は、その人にガソリンを売らなければよい。これを消費の排除性という。しかし、「おいしい空気」の国立公園にいる人たちのなかで、特定の人だけその空気を吸うことを排除するのはむずかしい。つまり、「おいしい空気」には排除性がなく、**非排除性**を満たしているといえる。

　この「非競合性」と「非排除性」を満たす財を**公共財**という。「おいしい空気」は人びとに効用をもたらす公共財だが、逆に人びとに費用をもたらす**負の公共財**も存在する。地球温暖化問題はまさに、この二つの性質を満たす負の公共財といえるのだ。バングラデシュの人が水面上昇に苦しむことが、オランダでの水面上昇被害を減らすことはない（非競合性）。また、日本人だけ、あるいは、アメリカ人だけが、温暖化被害から逃れるということもできない（非排除性）。

逆に、地球温暖化の予防というのは、負の公共財である温暖化被害を緩和するという意味で、正の公共財である。パリ協定にもとづいて温室効果ガスを削減すれば、地球温暖化は緩和され、そのメリットはすべての国にもたらされ（非競合性）、かつ、特定の国だけこのメリットからはずすということもできない（非排除性）。

ここに、**フリーライダー**（ただ乗り）の問題が生じる。他の国が温暖化ガスを削減してくれれば、その恩恵にあずかれるのであり、みずから行動しなくても温暖化が緩和されるのである。もし、だれもが他の国をあてにして温暖化対策を怠れば、結果的にだれも対策を行わないということもありうる。

ブッシュ政権時に京都議定書から米国が離脱したのは、京都議定書では先進国のみが温暖化対策の義務を負い、途上国がフリーライダーになることを非難してのことである。しかしながら、米国自身が、他の先進国がとる予防策のフリーライダーになろうとしているとも考えられないだろうか？　もしすべての国が米国のように行動すると、温暖化予防という正の公共財が供給されず、温暖化問題にみなで苦しむということになる。このように、人びとが自分の利益を追求する市場メカニズムにまかせておくと、正の公共財は供給されなくなる可能性があるのだ。

環境問題はこのような「公共財」的な性格を帯びている。その結果、市場では、過度の環境破壊が引き起こされる可能性が高い。これが環境問題の解決を困難にしているもう一つの

理由である。（有村）

## Ⅳ　環境問題の費用便益分析

### 競争的市場での社会的損失

環境問題は市場の外部にあり、消費者でも生産者でもない第三者に被害をもたらす可能性があることを説明したが、それでは公害や環境汚染の外部費用はすべてなくすべきだろうか？　排出物をまったくなくす、いわゆる「ゼロ・エミッション」を今すぐ目指すべきなのだろうか？　費用便益分析を用いると、これらの問いに答えを出すことができる。

ガソリンの消費と、それによる温暖化被害によって発生する外部費用を図に表してみよう。ガソリンの消費量を横軸にとり、温暖化被害によって発生する**限界外部費用**（消費量を1単位増加させるときに、新たに発生する外部費用）を縦軸にとると、図1－4のような関係があると考えられる。前述の企業の総費用と限界費用の関係と同様、限界外部費用曲線の下側面積が総外部費用に相当する。生産量を増やせば増やすほど、総外部費用も膨らむ。

限界外部費用曲線を前述の図1－3に取り入れると、外部性が存在するときの競争的市場の非効率性が明らかになる。ガソリン市場の需要・供給曲線に、限界外部費用曲線を組み込んで

図1－4　限界外部費用

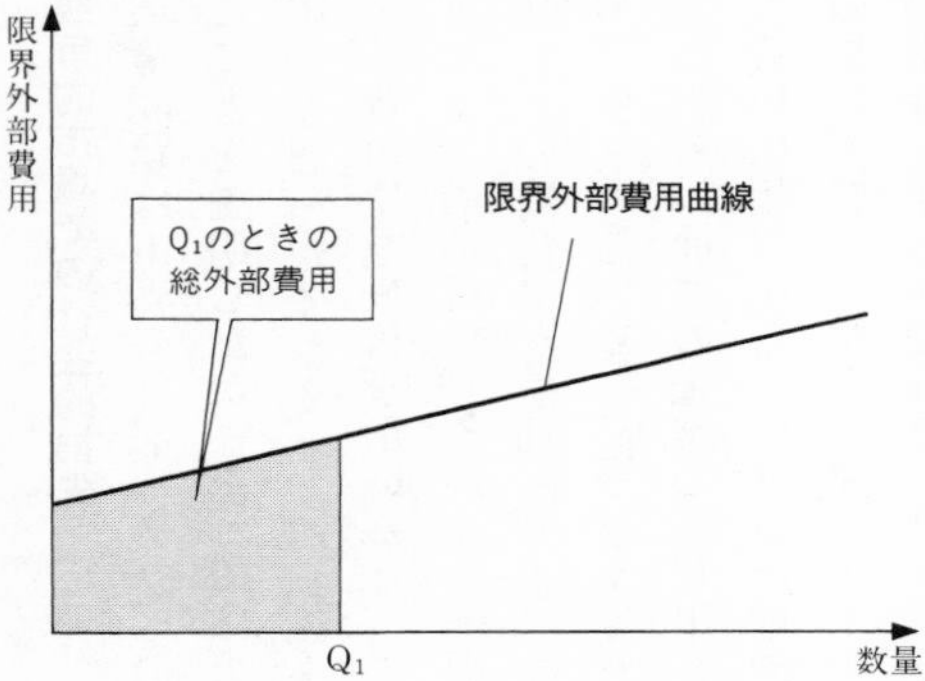


改めて描いたのが、図1－5である。

生産に要する企業側の費用を、外部費用と区別するために**私的費用**と呼ぶ。社会的に見ると、財を生産するための費用には、生産者が支払う私的費用だけではなく、環境問題によって発生する外部費用も含まれるということになる。この私的費用と外部費用を足しあわせたものを**社会的費用**という。つまり図1－5で限界費用と限界外部費用を足しあわせたものを、**社会的限界費用**ということができる。外部費用が存在しないとすると、生産量が$Q_0$のときには、社会的利益は生産者余剰と消費者余剰の和の三角形KCBである。しかし、温暖化問題が存在する場合、社会的利益を算出するためには、生産・消費者余剰の和から外部費用を差し引かなければならない。つまり、生産量が$Q_0$のときの社会的利益は「三角形KCB－四角形KFDB」となる。このとき、四角形KFEBの分だけ生産者余剰と消費者余剰の一部が、環境の外部費用と相殺しあう。その結果、社会的利益は「三角形FCE－三角形EDB」になる。外部性の存在により社会的利益が減少することがわかる。

図１－５　外部性のある市場

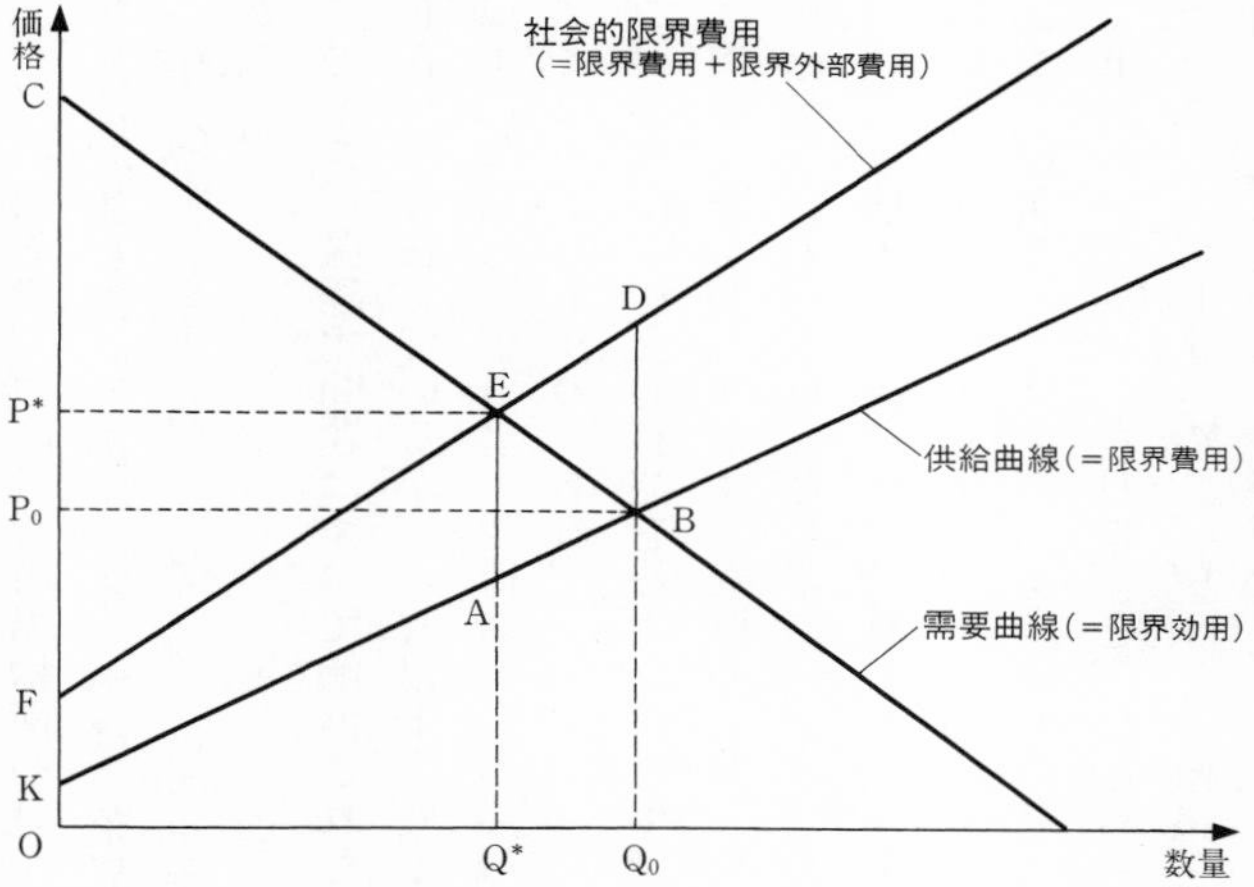


## 最適な生産量と汚染のレベルはどこにある？
### ——社会的利益の最大化

環境問題などの外部費用が存在する場合には、最適な生産量はどのように決まるのだろうか。競争的市場にまかせておくと外部費用（環境問題）が過大になる。ここで図１－５の点Ｅに注目してみよう。市場での生産量が$Q^*$だとすると価格は$P^*$となる。消費者余剰の大きさは、三角形ＣＥ$P^*$であり、生産者余剰は四角形Ｋ$P^*$ＥＡである。つまり、消費者余剰と生産者余剰を合わせた大きさは、四角形ＫＣＥＡである。このとき、外部費用の大きさは、四角形ＫＦＥＡであるから、社会的利益は四角形ＫＣＥＡ－四角形ＫＦＥＡ＝三角形ＦＣＥとなる。ここで、市場均衡での社会的利益は三角形ＦＣＥ－三角形ＥＤＢだったことを思い出そう。生産量を市場均衡の$Q_0$から$Q^*$へ減らすことにより、社会的利益は三角形EDBだけ増加したことがわかる。実は、限界効用（需要曲線の高さ）＝限界費用＋限界外部費用（社会的限界費用の高さ）となっている生産量$Q^*$のときに、社会的利益は最大化されているのである。

このとき、温暖化問題はすべて解消されたわけではない。温暖化問題による被害は四角形KFEAだけ存在しているが、これ以上生産量を減らせば、温暖化問題の被害も減少するが、それ以上に失われる消費者・生産者の利益のほうが大きくなってしまい、社会全体で見るとマイナスになってしまうのである。

このように、社会的利益を最大化する生産量は$Q^*$と求められるが、市場経済にまかせておけば、環境問題を発生するような財の消費・生産が過剰になってしまうのである。政府が何の介入も行わない場合、$Q_0$と$Q^*$の差の分だけ、よけいに生産が行われることになる。その結果、企業の利益は拡大するが、社会的利益が三角形EDBの分だけ損なわれてしまう。これがまさに、環境問題による社会の損失に相当する部分なのである。

ここで冒頭の「ゼロエミッション」の話に戻ろう。図1－5にもとづけば、現状の技術で今すぐゼロエミッションを目指すと、生産量をゼロにしないといけない。そうなると社会的利益もゼロになってしまうので、望ましい政策とはいえない。排出ゼロを目指すには、技術革新の時間も必要になってくるのだ。

## V　市場の失敗をどう解決するか？

### 二つの環境政策――規制的手段と経済的手段

外部費用をともなう財の生産は、市場にまかせておけば過剰になり、環境問題を引き起こすことがわかった。何らかの手段によって、生産量を図1－5のQ*まで減らすことが望ましく、環境問題で政府の果たす役割がここで必要となる。

このとき、政府は大きく分けて二つのアプローチをとることができる。第一は**規制的手段**である。最も簡単なかたちは、政府が企業の生産量や汚染排出量を直接コントロールし、環境問題に対処する方法である。

第二は、**経済的手段**による方法である。この方法は、企業が利潤を追求する姿勢を利用して、汚染量を減少させようという方法である。規制的手段と経済的手段それぞれについて見てみよう。

### 行政による解決

規制的手段は、政府が環境問題を解決するために、環境問題の原因となっている生産者や消費者を直接規制する方法である。温暖化の例でいえば、政府がガソリンの販売総量を制限する

図1－6　規制的手段

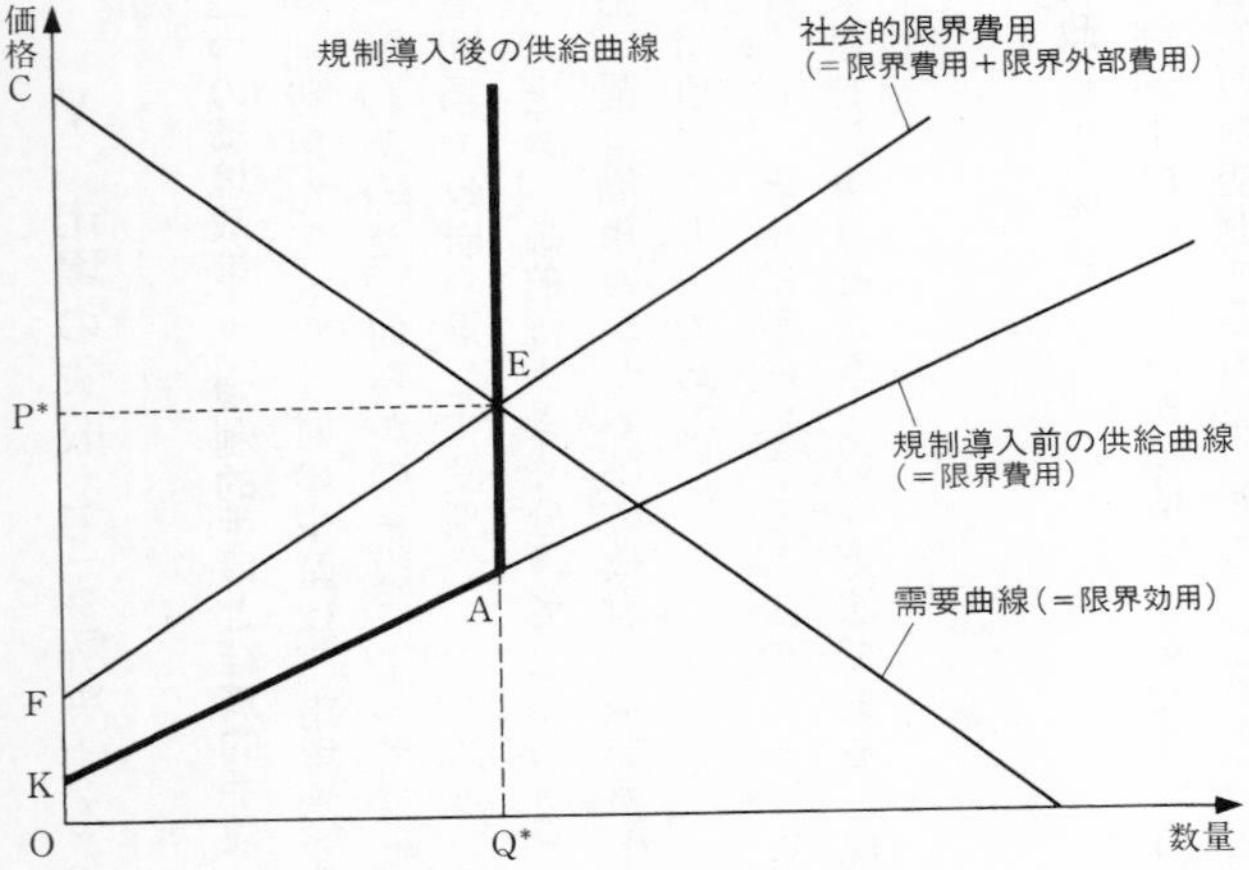


のが一つの方法である。その結果、社会全体でのガソリンの生産量が$Q^*$を超えないように、政府が生産量を規制する。

このとき、価格がいくら上昇しても、企業は生産量を増やすことはできないので、供給曲線は$Q^*$のところで垂直となる（図1－6）。市場での均衡価格は、需要曲線と供給曲線が交わる$P^*$である。価格は、政府が規制を行う前より高くなる。その結果、消費者余剰は規制前より小さくなり、三角形$P^*$CEとなる。温暖化被害の補償などの所得移転が行われないとすると、生産者余剰も四角形K$P^*$EAとなり、これは規制前より小さくなるとは限らない。温暖化の被害は四角形KFEAだけ残る。しかし、この場合も社会的利益は三角形FCEの大きさとなり、最大化されている。

温暖化の被害は、企業の負担にならず、被

図1－7　環境税

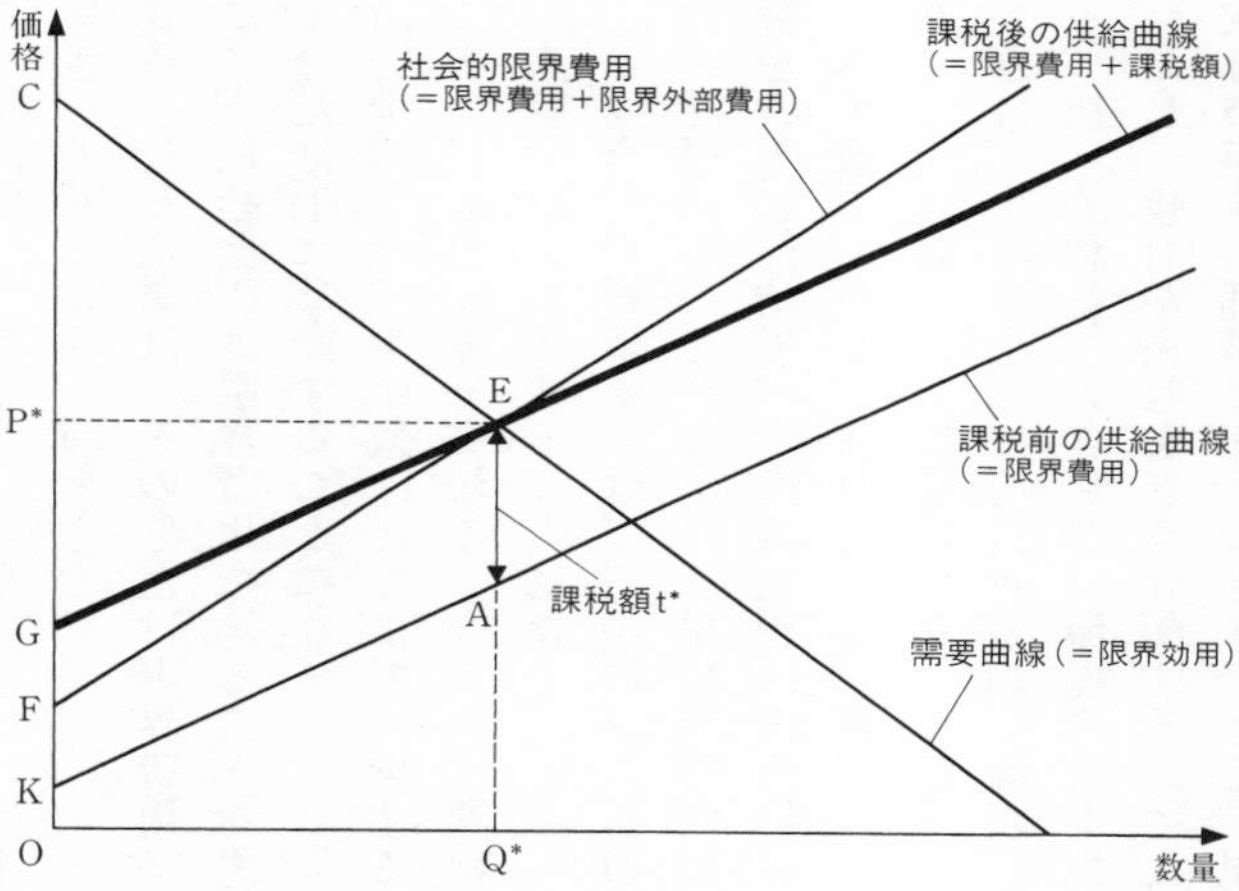


害者の負担である。もちろん、政府が、温暖化被害の補償を企業に義務付けることも可能である。この場合にも、社会的利益を最大化するように$Q^*$を選ぶことが合理的である。

## 税金による解決

経済的手段は、環境問題の原因となる生産者の利益志向や、消費者の効用最大化の意識をうまく利用して、社会的に最適な状態を実現しようというものである。

第一は、課税による方法である。汚染物質の排出量に応じて課税するもので、**環境税**と呼ばれる。これは、提唱者のイギリスの経済学者、ピグーにちなみ「ピグー税」とも呼ばれる。

税額の大きさは、ちょうど社会的に望ましい生産量$Q^*$のときの限界外部費用の大きさにする。図に戻ってみると、AEの分だけ生産量に課税をすることが望ましい。今、この税額の大きさを$t^*$としよう（図1－7）。

課税された企業は、その分だけ限界費用が上昇することになり、生産量を減らすことになる。ここで、供給曲線＝限界費用であることを思い出そう。つまり、課税の結果、市場の供給曲線は$t^*$分だけ上に移動することになる。

市場全体では、生産量はどこまで減少するのだろうか？　課税後の供給曲線は、価格が$P^*$のところで、需要曲線と交わる。つまり、課税後の均衡価格は$P^*$となり、市場の釣り合いがとれる生産量は$Q^*$に減少することになる。

この場合、消費者余剰は、三角形$P^*$CEの大きさに相当し、規制的手段の場合と等しい。違いは、課税することによって、税金が四角形KGEAの大きさだけ政府に入ることである。環境税を導入した結果、生産者余剰は三角形G$P^*$Eとなり、規制的手段にくらべて小さくなる。

ここで政府の税収に注目しよう。税収は、所得減税や消費税減税、法人税減税などを通じて消費者、生産者あるいは環境汚染の被害者に還元されることになる。その結果、社会的利益の大きさは、生産者余剰＋消費者余剰＋税収－外部費用となり、やはり三角形FCEの大きさとなる。社会的利益の大きさは、環境税でも規制的手段でも変わらないのである。

ただし、政府が税収をどう分配するかによって、消費者と生産者の利益は変わることになる。税収は被害者の補償に使うこともできる。規制的手段の場合に、環境問題が被害者の負担になるのとは異なる。

以上のように、環境税は、市場の外にある環境問題を税というかたちで価格に付加することによって、環境問題を市場の意思決定の条件にしているのである。これを、**外部性の内部化**という。環境税は企業の利潤志向に訴えて、環境被害を減少させ、社会的利益を最大化しようという方法なのである。

### 補助金による解決

もう一つの経済的手段は、補助金を用いる方法である。これは、汚染者である生産者に、生産を削減すれば補助金を与えようという方法である。生産を削減することで、費用が減少するうえに、補助金がもらえるので、企業側には生産を減少しようというインセンティブが生じる。

具体的には、補助金は、汚染の排出を減らすごとに、先ほどの課税額と同額の$t^*$分だけの補助金を与えることが望ましい。その結果、消費と生産が均衡する生産量は、$Q^*$に減少することになり、やはり、社会的利益が最大化されるのである。

### 実施上の問題点

右の規制的手段と経済的手段には一つの大きな問題がある。それは、政策担当者が、外部費用を的確に把握していることが前提となっていることである。環境政策を導入する以前の市場の価格などから、需要曲線と供給曲線を推定することは可能である。しかし、人びとがどれだけ環境問題によって迷惑を受けているかを費用として正確に金額表示することはむずかしい。そのため、実際の環境政策では、社会的利益を最大化するように政策を実施できるとは限らないのである。

**コラム　環境の経済的価値**

環境問題を解決するための経済学的な処方箋は、「市場の外部にある環境を市場に取り入れる（内部化する）」ということである。そのためには、環境に価格をつけなければならない。環境経済学では、ある環境を守るために人びとが支払ってもよい金額のことを、**環境に対する支払意思額**（WTP：Willingness to Pay）という。

このWTPの計測は容易ではない。第一の理由は、環境がしばしば市場の外部にあるために、市場価格が存在しないことである。このため、市場以外から価格を見つけ出さなければならない。第二の理由は、環境がしばしば公共財的性質をもつことである。そのため、フリーライダーの問題が起こり、ほんとうのWTPを示してもらうことがむずかしいのである。では、環境の経済的価値を見つけるために、実際にはどのような方法が用いられているのだろうか？

一つの方法は、人びとが市場で間接的に表明しているWTPを用いる方法であり、これを**顕示選好法**という。

顕示選好法の一つに、資産価格からよい環境に対するWTPを推計する**ヘドニック法**がある。たとえば、人びとは騒音のない「静けさ」に対してどの程度の価値を置くのだろうか。実は、人びとは「静けさ」に対するWTPを、間接的に市場に明らかにしているのである。人びとは住宅を購入する際、さまざまな側面を考慮して住宅を購入する。閑静な住宅街は人気があり、騒音の大きい住宅街はそれにくらべて人気がないということは容易に想像がつくだろう。市場では、そういうものが地価に反映されるので、そこから人びとの静けさに対するWTPを試算しようというのがヘドニック法である。もちろん、地価は騒音だけではなく、駅までの距離や都心までの距離など、さまざまな条件によって決まる。地価をそのような諸々《もろもろ》の要因に分解して、「静けさ」に対するWTPを見つけることができるのである。

もう一つよく用いられる顕示選好法に、**トラベルコスト法**がある。これは、人びとが国立公園などの自然公園を訪れる行動から、その自然公園の価値を計測しようという方法である。人びとが公園に行くためには、時間をかけ、交通手段に運賃を支払い、かつ、必要であれば入場料も支払う。これらさまざまな費用を払ってまでも公園を訪れるということは、人びとがその費用以上の価値を認めているということである。この情報を用いて、人びとが自然公園にどれだけWTPをもっているかということを推計しようというのが、トラベルコスト法である。

顕示選好法に対し、直接人びとに環境の価値を表明してもらおうというのが、**表明選好法**である。アンケートを用いて、実際にある環境を保全するためにいくら支払う意思があるかを聞く**仮想評価法**（CVM：Contingent Valuation Method）が代表的な手法である。

近年では、環境属性の異なる複数の選択肢を示して、回答者に自分の好みを明らかにしてもらう、選択型実験（Choice Experiment）による環境評価の研究も進んでいる。　（有村）

# 第2章　政策手段の選択――環境税か、規制か、補助金か

１９６０年代の日本では、高度成長によって経済的繁栄を謳歌《おうか》するいっぽうで、生産にともなって排出される汚染物質によって環境は汚染され、イタイイタイ病、四日市《よっかいち》ぜんそく、水俣《みなまた》病《びょう》などの公害病が社会問題となった。

このとき、汚染を抑制するために政府がとった対策は規制的手段であった。これにより、企業は、大気中に排出される排気ガスや川や海に排出される排水に含まれる汚染物質の濃度を規制された。以来、日本では、規制的手段が環境保全対策の中心を担ってきた。

ところが、１９８０年代に入り世界的に注目を集めるようになった地球温暖化や気候変動問題をはじめとするさまざまな問題の出現によって、規制的手段に代わり、環境税や排出量取引制度などの経済的手段の導入が検討されるようになってきた。これは、環境税などの経済的手

段のほうが、規制的手段とくらべて汚染物質を削減するための費用が小さいという理論的根拠によるところが大きい。

第1章では、環境汚染をともなう財を生産する場合、社会的に最適な生産量を達成するための政策手段として、規制的手段、環境税、補助金制度があることを説明した。そこで明らかになったことは、規制的手段、環境税、補助金制度のどの政策手段を実施したとしても、社会的利益を最大にできるということであった。

しかし、実際には、産業構造に与える影響や第II節で説明するように、政府の失敗による規制の非効率性を考えると、補助金制度や規制的手段よりも環境税のほうが望ましい政策手段であると考えられている。

本章では、なぜ環境税が規制的手段や補助金より望ましい側面をもっているのかについて説明しよう。

## I 環境税の利点と問題点

競争的な市場においては、各企業が自発的に決めた生産量のもとで、すべての企業の生産費用の合計、すなわち、市場全体の生産費用は最小化される。環境税は、競争的市場のこのような特長を利用しながら、各企業の生産量を削減し、市場全体の生産量を最適な水準に誘導する

図2－1　環境税と最適な生産量

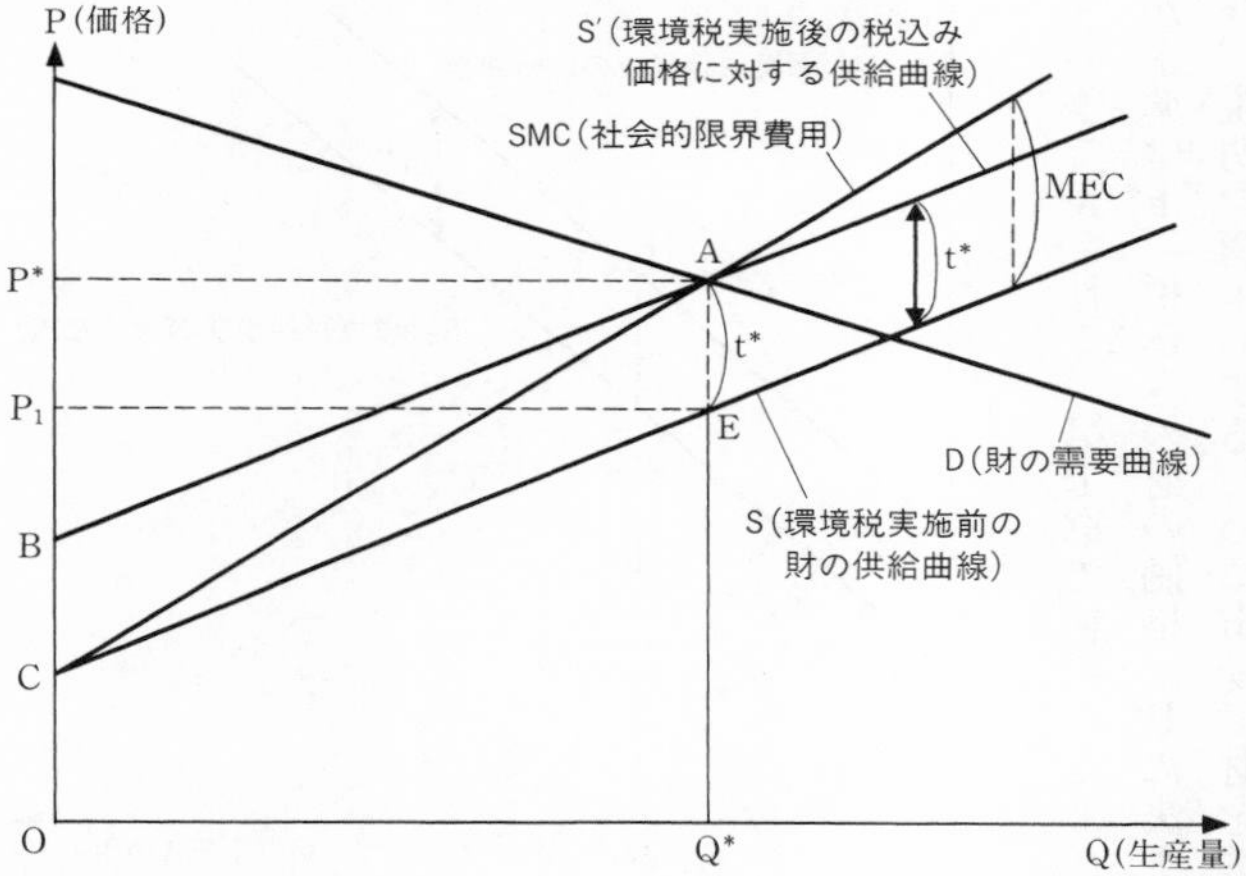


ことができるという利点をもつ。

以下では、環境税を導入した場合、競争の結果、各企業が自発的に決めた生産量のもとで市場全体の生産費用が最小化されることを示そう。

### 環境税の利点

図2－1は、生産量を最適な水準に抑制するために環境税を実施した場合について描いたものである。ただし、縦軸は財の価格、横軸は財の生産量を表しており、Dは財の需要曲線、Sは環境税実施前の財の供給曲線（財生産の限界費用でもある）、S′は環境税$t^*$を課したときの環境税実施後の税込み価格に対する供給曲線、SMCは社会的限界費用（限界費用と限界外部費用の合計）曲線を表している。また、MECは限界外部費用であり、SMC

図2－2　企業Aの供給曲線と生産量

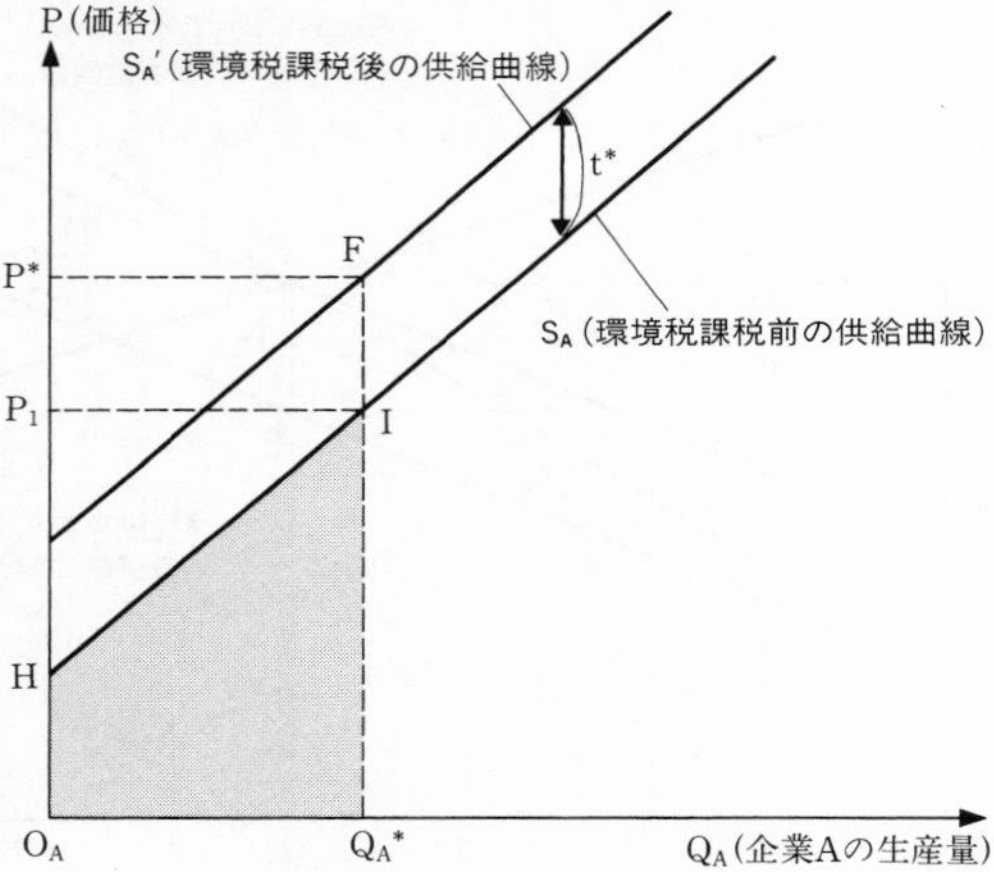


図2－3　企業Bの供給曲線と生産量

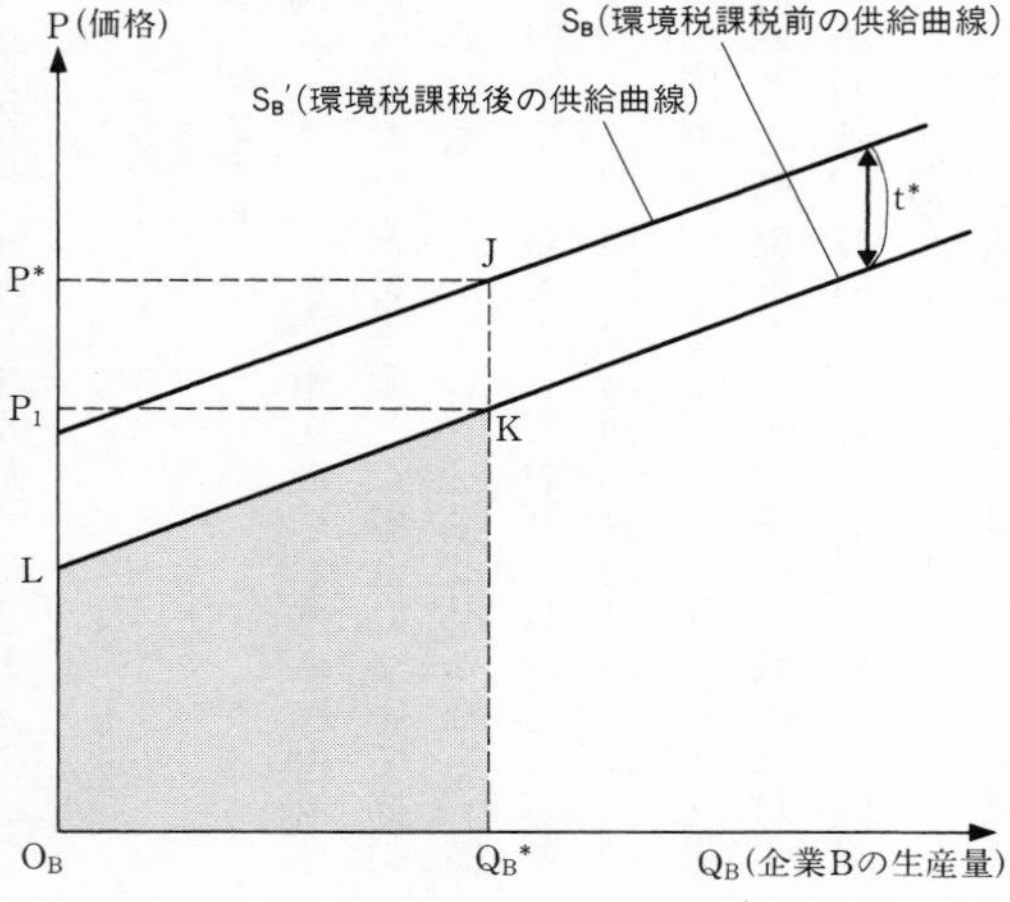


とSの差で表される。第1章で説明したように、図から最適な生産量は$Q^*$であり、最適な環境税が水準は$t^*$、税込みの財の価格は$P^*$に決まることがわかる。

今、説明を簡単にするために市場で財を供給する企業は企業A、企業Bの2企業だけであるとしよう。このとき、市場で決定される財の税込み価格$P^*$のもとで、$Q^*$のうち各企業がそれぞれどれだけ財を生産するのかについて説明しよう。

図2－2、2－3は、縦軸を財の価格、横軸を企業の生産量としたときの、企業Aと企業Bの財の供給曲線をそれぞれ表したものである。ただし、$S_A$、$S_B$は環境税課税前の供給曲線、$S_A'$、$S_B'$は財1単位あたり$t^*$だけ環境税を課されたときの環境税課税後の供給曲線であり、$S_A$、$S_B$がそれぞれ上方に$t^*$だけシフトしたものになっている。

このように、環境税課税によって$t^*$だけ供給曲線がシフトするのは、企業にとって、課税後も、課税前と同じ量を供給するためには、税込み価格が課税前価格に$t^*$だけ上乗せしたものにならないと、税引き価格が課税前と同じにならないからである。

図からわかるように、税込みの市場価格が$P^*$であるので、企業Aと企業Bの生産量はそれぞれ$Q_A^*$、$Q_B^*$になる。このとき、$Q_A^*+Q_B^*=Q^*$が成立している。$S_A$、$S_B$は環境税課税前の各企業の供給曲線であると同時に、各企業の限界費用曲線であるから、企業Aと企業Bの生産費用はそれぞれ四角形$O_A$H I $Q_A^*$、$O_B$L K $Q_B^*$である。したがって、市場全体の生産費用は、四角形$O_A$H I $Q_A^*$＋四角形$O_B$L K $Q_B^*$である。いっぽう、図2－1においてSは市場全体の限界費用曲線でもあるから市場全体の生産費用は四角形O C E $Q^*$と表すこともできる。

ここで、図2－2と2－3を一つにまとめると図2－4のようになる。ただし、$S_A$、$S_A'$はそれぞれ$O_A$を原点とし、$O_A$から横軸右方向に企業Aの生産量を測った場合の課税前および課税後

図2－4　市場の価格と企業Aと企業Bの生産量の配分

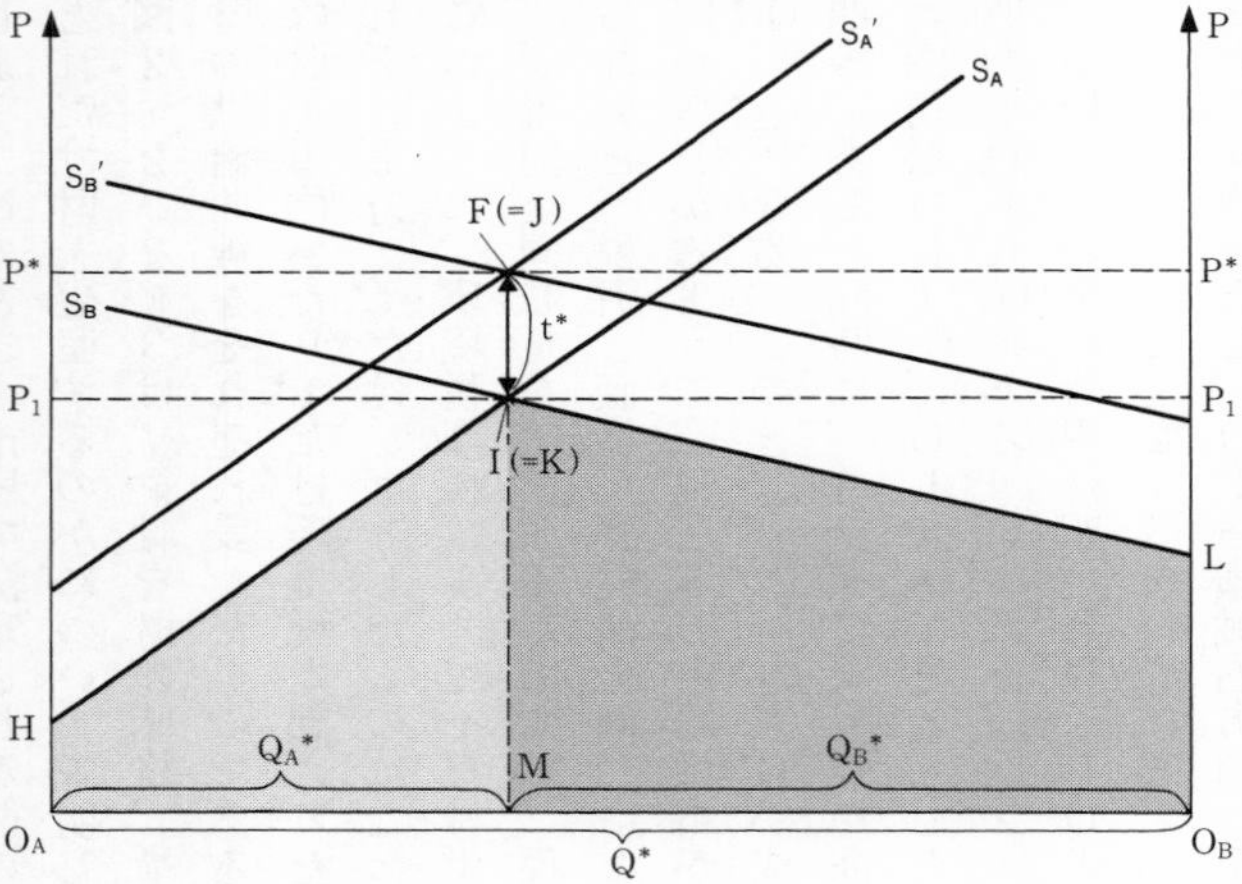


の供給曲線を表しており、図2－2と同じ図が描かれている。いっぽう、$S_B$、$S_B'$はそれぞれ$O_B$を原点とし、$O_B$から横軸左方向に企業Bの生産量を測った場合の課税前および課税後の供給曲線を表しており、図2－3の図をちょうど鏡に映したように、縦軸を中心にして180度折り返した図になっている。また、原点$O_A$と原点$O_B$との間隔は市場全体の均衡生産量$Q^*$に一致するようにとっている。

図2－2、2－3、2－4の対応関係からわかるように、環境税込みの市場価格が$P^*$のとき、企業A、企業Bの生産量はそれぞれ$Q_A^*$、$Q_B^*$となり、その合計は市場全体の生産量$Q^*$である。このため、図2－4のように、市場価格$P^*$において$S_A'$と$S_B'$が必ず交わるように描かれる。このとき、交点Fに対応する点Mより左側の部分は、市場全体の生産量のうち、企

業Aによって生産される分$Q_A^*$であり、右側は企業Bによって生産される分$Q_B^*$を表している。

企業Aの限界費用曲線は$S_A$であるから、企業Aが$Q_A^*$を生産するための費用は四角形$O_A$HIMである。同様にして、企業Bの限界費用曲線は$S_B$であるから、企業Bが$Q_B^*$を生産するための費用は四角形$O_B$MILである。したがって、市場全体で財が$Q^*$だけ生産されるときの市場全体の生産費用は、企業AとBの生産費用の合計であり、五角形$O_A$HIL$O_B$となる。

実は、$Q^*$を市場全体で生産する場合、点Mにおいて決まる生産量を企業Aと企業Bが生産することによって、市場全体の生産費用が最小化されている。すなわち、もし企業AとBの各生産量が点M以外の点になると、市場全体の生産量が同じであっても、その生産のためにかかる市場全体の費用が大きくなってしまう。以下ではこの点について説明しよう。

図２－５は図２－４と同じ図を描いたものである。ただし、説明に不要な$S_A'$と$S_B'$を削除し、$S_A$と$S_B$だけを残している。

今、点Mより右側の点、たとえば、点Nにおいて企業AとBが生産する場合、すなわち企業Aが$Q_A^1$を生産し、企業Bが$Q_B^1$を生産する場合を考えよう。

このとき、企業Aの生産費用は四角形$O_A$HRN、企業Bの生産費用は四角形$O_B$NSLとなるため、市場全体の生産費用は、四角形$O_A$HRN＋四角形$O_B$NSL＝五角形$O_A$HIL$O_B$＋三角形IRSとなる。このことからわかるように、点Nで各企業の生産量が決まると、点Mで決まる場合にくらべて、生産費用が三角形IRSだけ大きくなる。

図2－5　市場の均衡生産量と企業A、企業Bの生産量配分

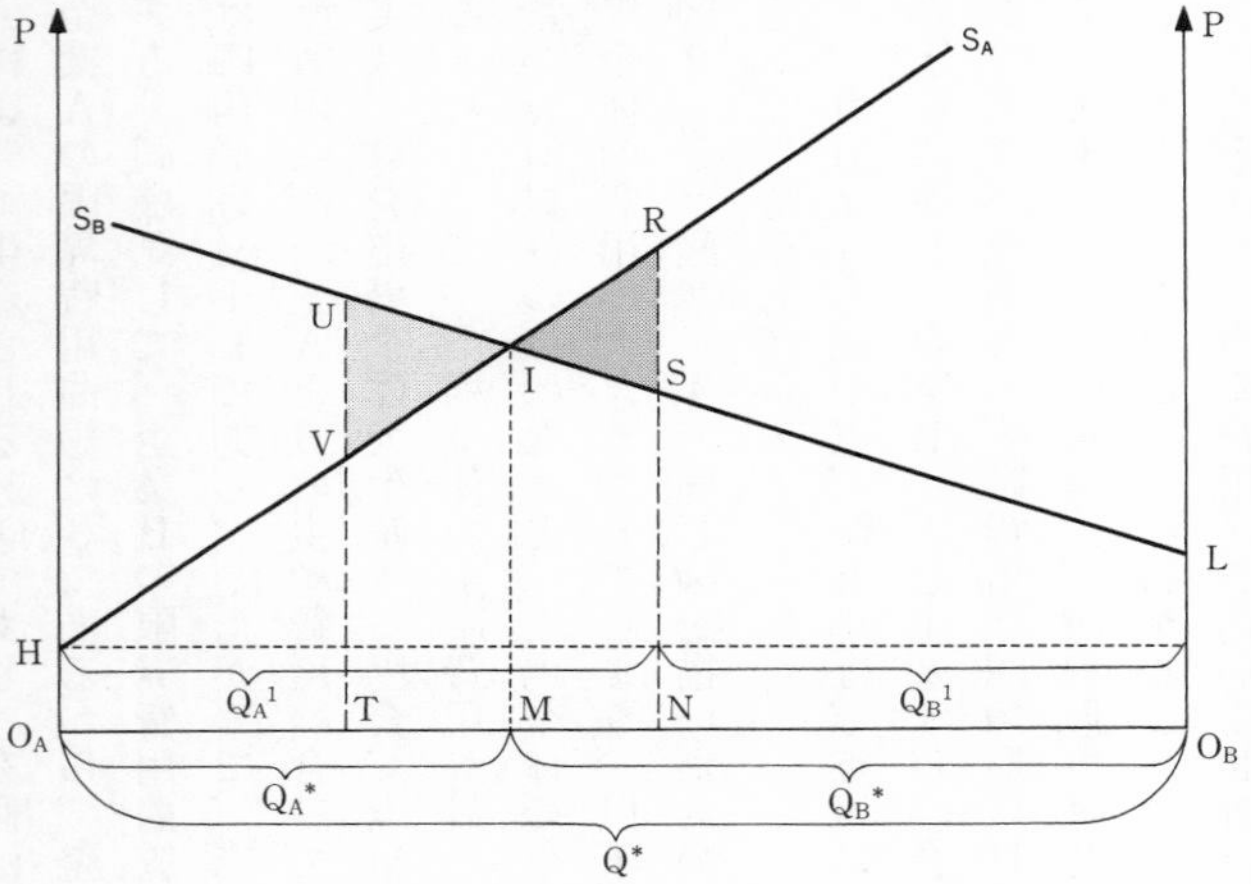


点Nにおいて、市場全体の生産費用が増加するのはなぜだろうか。それは企業Aの限界費用が企業Bの限界費用を上回っているからである（点Nでは、企業Aの限界費用はRN、企業Bの限界費用はSNである）。すなわち、生産量を1単位増加させたときに生じる費用の増加を比較すると、点Nでは、企業Aのほうが企業Bよりも大きくなっている。このため、相対的に費用増加の大きい企業Aの生産量を減らし、企業Bの生産量をその分増やせば、市場全体の生産費用を低下させることができるのである。

このように、企業Aの限界費用が企業Bの限界費用を上回っている場合には、企業Aの生産量を減らし、企業Bの生産量をその分増やすことによって、市場全体の生産量を維持しながら、市場全体の生産費用を低下させる

ことができる。

今度は、点Mより左側の点、たとえば、点Tのように、企業Aが、点Mの場合の生産量よりも少なく生産し、企業Bはその分だけ生産量を増やした場合について考えてみよう。同様に考えると、この場合には、市場全体の生産費用は三角形UIVだけ増加することがわかるだろう。

したがって、企業Bの限界費用が企業Aの限界費用を上回っている場合には、企業Bの生産量を減らし、企業Aの生産量をその分増やすことによって、市場全体の生産量を維持しながら、市場全体の生産費用を低下させることができる。

以上の説明から、環境税が導入されている競争的市場においては、各企業が自発的に決定する生産量（点M）は、結果として、市場全体の生産費用を最小にすることがわかるだろう。

環境税は、市場メカニズムのこのような特長を生かすことにより、市場全体の生産費用を最小化できるという利点をもっている。

### 環境税の問題点

環境税の問題点は、政策目標（抑制すべき生産量の水準や汚染物質排出量の水準）を決めた場合、それを達成するために必要な環境税の水準を正確に設定することがむずかしい点にある。なぜなら、環境税を設定するためには、市場全体の需要曲線や供給曲線などについて正確に知っていなければ、政策目標を達成するための環境税の水準を決めることができないからである。

しかし、実際には需要曲線や供給曲線を正確に知ることは困難である。

このため、限られた情報、データにもとづいて、環境税を推計せざるをえない。したがって、推計された環境税が、必ずしも政策目標を達成するのに充分かどうかはわからない。このように、環境税には、生産量や汚染物質排出量などの数値目標を確実に達成できるような環境税の水準を求めることが容易ではないという問題が存在する。

## II　規制的手段の利点と問題点

### 規制の利点

規制的手段には、自動車の排ガス規制などのような濃度規制と、汚染物質排出量などの総量を規制する総量規制がある。以下では、総量規制について検討しよう。なお、総量規制とは、本来は排出量自体を直接規制することをいう。しかし、生産量が増えると排出量は増加するという関係があるので、以下では生産量の上限を規制することで、間接的に汚染物質の排出量の上限を規制しようとするタイプの総量規制を考えよう。したがって、ここでは政府は最適な生産量を設定し、それを市場全体の生産量の上限と定め、それを達成できるように各企業に生産量を割り当てるという方法で総量規制を行うものとする。

規制の利点は、各企業が割り当てられた生産量を守るかぎり、政府が当初予定した目標を確実に達成できることにある。

### 政府の失敗と規制の問題点

総量規制によって、生産量をコントロールする場合、社会的利益を最大にするためには、市場全体の生産費用を最小にするように各企業に生産量を割り当てる必要がある。そのためには、図２－４の点Ｍのように、企業間の限界費用が等しくなるように各企業に生産量を割り当てる必要がある。しかし、次のような理由から、このような割り当てを行うことは困難である。

第一に、企業間の限界費用を均等化させるような割り当て実現のためには、すべての企業の限界費用曲線を政府が正確に把握する必要があるが、現実には政府は不完全な情報しかもっていないため、ひじょうに困難である。このため、図２－５における点Ｎや点Ｔのように誤って割り当ててしまう可能性が高い。この結果、市場全体の生産費用が大きくなってしまい、市場全体の生産量は目標どおり達成していても、社会的利益を最大にできなくなる。

第二に、割り当てにさいして政府は裁量を働かせることが可能なため、政府が企業の交渉力や各産業への影響を配慮して割り当てれば、企業間の限界費用が等しくなるように割り当てが行われなくなる可能性がある。この結果、規模が大きく交渉力の大きい企業などへの割り当てが過大になったり、あるいは、規模の小さい企業を配慮してそれらへの割り当てが過大になる可能性がある。このような割り当ては、一部の企業の利益を守るいっぽうで、社会的利益を小さくしてしまう。

さらに、企業が割り当てられた生産量を遵守しない場合に政府が企業に対して行政指導を行っても、企業がそれに従わず、遵守されない状況が放置されたままになる場合もある。

## コラム　製品の使用や食品の摂取によるリスクにどのように対応すべきか？
### ――リスクに関する情報開示と自己責任

製品の利用にはさまざまなリスクがともなう。たとえば、食品の中に大豆などアレルギーの原因となる原材料が使用されており、知らずに摂取してしまうと健康を害する場合がある。遺伝子組み換え食品は、遺伝子操作によって病気や農薬に強い作物を作ったり、より収量の多い品種を作ったりできる。その結果、生産性が上昇し、食品の価格が低下するメリットがある。そのいっぽうで、遺伝子組み換え作物を過剰に摂取することで、健康リスクにつながる可能性があるという指摘もある。また、製品の不適切な使用や故障が原因で、被害が生じることがある。

このように、製品の使用や食品の摂取によってさまざまなリスクが発生する場合に、わたしたちにとってはどのような政策を実施することが望ましいだろうか。

本書で説明しているように、大気汚染などの環境問題の場合には、自分の消費活動や生産活動によって排出される汚染物質が、製品の取引の当事者（その消費者や生産者）以外の不特定多数の第三者（住民など）に悪影響を及ぼすという特徴があった。このとき、多くの企業や消費者は、第三者に及ぼす健康被害などの悪影響を考慮に入れて行動しないため、彼らの行動を環境保全的なものに誘導し、汚染物質の排出量を抑制するために、環境税などのような環境政策を実施することが必要となった。

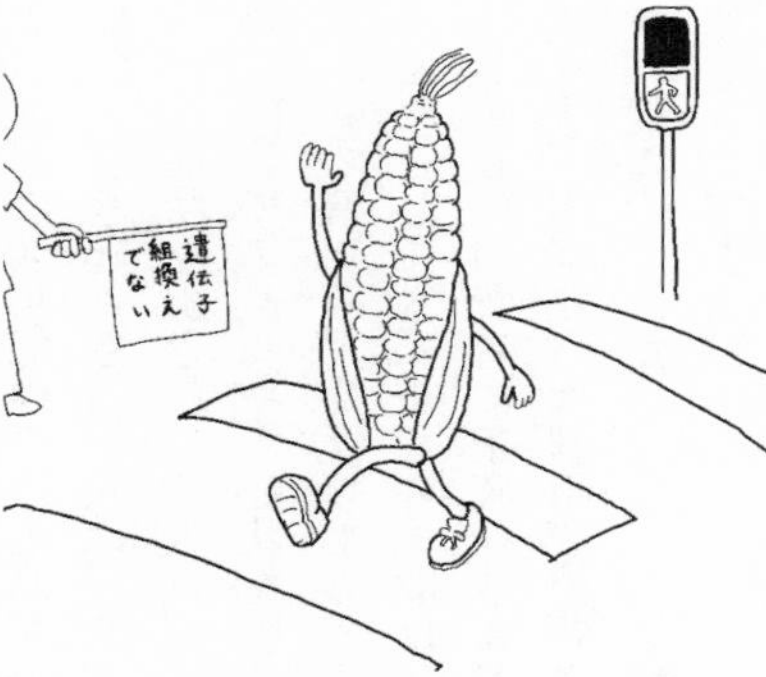


これに対して、ここで想定している製品の利用や食品の摂取にともなって生じるリスクは、製品や食品を購入した当事者である消費者に発生する被害であり、多くの場合、購入に無関係な第三者に及ぶ被害ではないので、外部費用は発生しない。したがって、大気汚染の場合のように、リスクのある製品や食品に環境税のような税金を課す必要はない。

この場合、どのようなリスク（含まれているアレルギー関連食品の項目、遺伝子組み換え食品か否か、どのような状況で事故が発生するのかなど）が存在するかについて、消費者が正確な情報をもっており、これにもとづいて正確な判断を下すことができれば、消費者は、リスクの高い製品や食品を選択しなくなる。たとえば、アレルギーを引き起こす可能性のある原材料が含まれていたとしても、その原材料に対してアレルギー症状を引き起こさない人は、リスクが低いため、そのような製品を購入するだろうし、アレルギー症状を引き起こす人は、リスクが高いため購入しない。もし大多数の人が特定の原材料に対してアレルギー症状を引き起こすなら、企業も、消費者のこのような行動を見越して、リスクの高い食品を生産しなくなるだろう。このため税金を課さず、消費者の自己責任にまかせたとしても、市場の失敗は起こらない。

しかし、消費者に正確な情報が提示されていなければ、消費者は正確な判断を下すことができず、本来ならば利用や消費されるべきでない製品や食品が消費されてしまい、市場の失敗が起こる。したがって、この場合に政府が実行すべきことは、正確な情報を消費者に提供することである。

このようなケースにおいて、リスクを0にするために、リスクのある製品の生産を禁止することは望ましくない点に注意する必要がある。同じ食品や製品であっても、リスクの少ない人が存在する場合には、自己責任のメカニズムを使って、リスクの少ない人にそのような製品を消費してもらったほうが社会にとっては望ましい。なぜなら、生産を禁止すると、そのような原材料を使えないためによりコストの高い原材料を使用する結果、製品の生産費用が高くなってしまうからである。たとえば、遺伝子組み換え食品が禁止されると、低所得のために、充分に食品を購入することのできない家計にとっては、高い価格の食品を購入する結果、他の食品が購入できなくなり、充分な栄養を取ることができなくなるかもしれない。このような事態が生じれば、遺伝子組み換え食品のリスクを0にできたとしても、栄養不良による別の健康リスクを生み出してしまうかもしれない。

ただし、ここで、一つだけ注意を要することがある。それは、すべての人に正確な情報が与えられたとしても、人によって理解力に差があると、それにもとづいて正しく判断を下せないことが生じることである。とくに、情報が複雑であったり、多量であったりすると、子どもやお年寄りのなかにはその情報を理解できない場合がある（情報弱者）。このような場合には、いくら正確な情報を提供しても、一部の人びとが正しい判断を下すことができないために、本来ならば消費すべきでないものを消費してしまう。このような可能性を考えると、政府は、正確な情報を提供するだけでなく、安全性などに関する規制や基準を設け、リスクの有無や程度に応じたラベル表示を義務付ける制度を実施するなど、わかりやすい情報提供を検討することが必要になる。（日引）

## Ⅲ　補助金制度か、環境税か

最後に、生産削減（あるいは汚染削減）のための補助金制度と環境税のどちらを導入することが望ましいかについて検討しよう。

第1章で説明したように、補助金制度を導入しても、環境税と同様に、生産量を最適な水準に誘導し、社会的利益を最大にすることができる。また、このとき、環境税と同様に、補助金制度は市場メカニズムを活用した政策手段であるため、市場全体の生産費用を最小化することができる。

しかし、この補助金の議論は、短期的な効果を考える場合に適用されるものである。長期的には企業がその産業に参入したり退出したりするので、そのような場合には、環境税と補助金制度では異なる結論が導き出される点に注意する必要がある。

企業は、長期的に利潤を得られると判断する場合には産業に参入し、長期的に損失が生じると判断する場合には、産業から退出する。

環境税の導入は、企業の費用を引き上げるため、現在操業している企業の利潤を引き下げる。このため、とくに汚染物質除去装置を設置していなかったり、省エネルギーを充分進めず、エネルギー多消費的な生産システムをもつために、環境税の支払いが重くなる企業は産業から退出せざるをえなくなる。

この結果、産業には、汚染物質除去装置を設置し、省エネルギー、省資源を達成するような、環境負荷のより小さい生産システムを採用する企業のみが生き残ることができ、産業は環境低負荷型へ移行する。また、産業構造自体も、環境負荷の大きい産業が環境負荷の小さい産業にくらべて相対的に小さくなるように変化する。

これとは反対に、補助金の場合には補助金の投入によって利潤を生み出すことができるようになるため、企業の産業への参入が促進される。この結果、環境負荷が大きいため補助金を交付される産業が、環境負荷の小さい産業にくらべて相対的に大きくなるため、環境低負荷型産業構造への移行が遅れる可能性がある。

以上から、産業への企業の参入や退出が起こらないような短期においては、環境税も補助金制度も同じ政策効果をもち、参入や退出の起こる長期においては、環境税は産業構造を環境低負荷型に誘導し、補助金制度は環境高負荷型に誘導する効果をもつ。したがって、長期的な政策効果、すなわち産業構造の変化の影響まで考慮すると、補助金制度は望ましくない。

ただし、環境税は長期的には環境低負荷型産業構造を実現することができるという利点があるいっぽうで、産業調整の過程で失業が発生するという問題をともなう。このような場合には、スムーズな産業調整とそれによる労働力の産業間の移動を実現するために、同時に雇用対策を進めることが重要である。

また、失業による社会問題をできるだけ回避するため、短期的に補助金制度を用いるということには一定の意義があるかもしれない。しかし、その場合には、永続的な補助金制度は長期的な産業構造の調整に悪影響を及ぼすため、時限的なものにとどめ、ある一定の移行期間を過ぎた後には、補助金制度を廃止し、環境税に移行していくような方法を検討すべきだろう。

最後に、財源の問題について触れておこう。補助金を実施する場合には、その財源を調達する必要がある。通常、そのような財源は、消費税や所得税によって調達される。しかし、外部費用を発生させない財に対して消費税を課したり、所得税を課すことは、その財や労働市場において社会的利益を減少させ、社会的利益を損なう。

いっぽうで、環境税の場合は、新たな財源が発生するため、既存の消費税や所得税を減税することにより（税制のグリーン化という）、財や労働市場において発生している社会的利益の損失を減少できるという利点もある。

# 第3章　環境問題は交渉によって解決できるか

## I　環境利用権設定の重要性——交渉による解決

第1章と第2章では、政府の介入がなければ環境問題は解決しないということを説明し、補助金や環境税など、政府による介入の利点と欠点を解説した。これに対し、1991年度ノーベル経済学賞を受賞した米国のロナルド・コース（1910—2013。英国出身）は、**環境の利用権**を設定すれば、環境税や補助金などの政府による介入がなくても、環境問題は解決される可能性があることを示した。もしそれが真理であれば、環境問題における政府の役割はひじょうに簡単になる。あらゆる環境の利用権を設定することが、環境政策ということになる。

そこで、はじめにコースの定理について説明しよう。

**利用権が設定されていない場合**

工場排煙によって地域住民が健康被害を受けているような典型的な公害問題について考えてみよう。いわゆる四大公害の一つである四日市ぜんそくは、まさにこのような状況のもとに発生した公害・環境問題である。四日市ぜんそくとは、三重県四日市市周辺で発生した大気汚染問題で、ぜんそくのような症状に苦しむ人びとが現れたのは1960年代はじめのことである。原因は石油コンビナートなどの工場群から出される硫黄酸化物などの排出物質であった。

コンビナートの生産量が増えれば利益も増えるが、同時に副産物である排出物質の量も増加する。このとき、この工場の生産物がもたらす私的便益（工場にとっての生産者余剰）と公害被害の量の関係を図3－1のように表すことができる。

図では、この私的便益は、右下がりの私的限界便益曲線によって表されている。**私的限界便益曲線**とは、生産量を1単位増加させるときに、企業にとって追加的に増える利益のことである。たとえば、生産量Fの場合、私的便益の大きさは四角形OAEFであり、生産量がQのときの私的便益は三角形OAQとなる。

私的限界便益曲線が右下がりになるのは、生産量増加につれ、生産を1単位増やすための費用が増加するような状況を考えているからである。たとえば、ある工場で生産量を増加するために社員が残業や休日出勤をしなければならないような事態である。このような場合、社員に

図3－1　限界外部費用と私的限界便益曲線

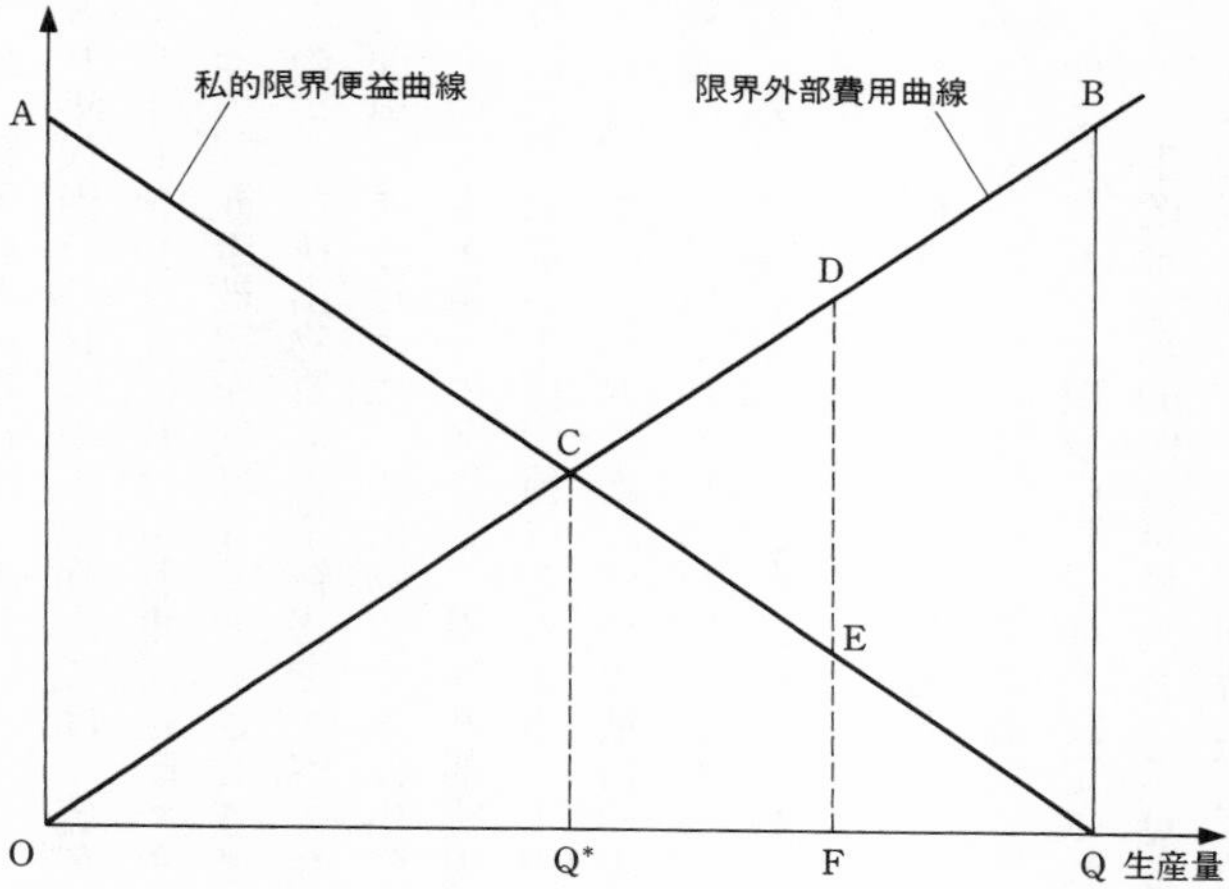


対して通常より割高の手当てを出さなければならない。単位時間あたりの賃金が増えるので、企業にとっては生産1単位の費用は割高になるのである。その結果、政府介入がまったくない状態では、追加的な利益がゼロとなるまで操業が行われ、生産量はQとなる。

社会全体を考慮して望ましい生産量を求めるには、私的限界便益曲線を見るだけでは不充分である。生産の副産物である排煙による公害被害にも、目を向けなければならない。たとえば、四日市では、大気汚染によって多くの人が慢性気管支炎、気管支ぜんそく、肺気腫などの健康被害を受けた。薬を投与しなければならない人もいた。ひどい人は病院に通ったり、入院しなければならず、そのために仕事や余暇の時間を犠牲にしなければならなかっただろう。

また、健康被害がそれほど出ない人でも、空気の汚れを不快に感じた人もいた。実際に、1960年代当時の日本の工業都市では、硫黄酸化物やばいじんなどによって視界が悪く、日中でもライトをつけなければ自動車を運転できないこともあったという。このように、大気汚染によって、健康被害を受けなくともさまざまな被害が生じうる。

このような排出物質による被害をすべて金額に換算し、先ほどの図に示そう。ここでは、分析を簡単にするために、排出物質の量は生産量に比例すると仮定しよう。公害被害を金額表示したものと生産量との関係を、限界外部費用曲線を用いて図に表すと、公害被害の総量は、限界外部費用曲線の下側面積に相当する。下側面積は生産量が増加するにしたがって増加する。たとえば、生産量がFであれば公害被害の大きさは三角形ODFで表され、生産量がQであれば被害の大きさは三角形OBQで表される。これは、生産量増加にともなって排出物質の量が増え、公害被害も増加すると考えられるからである。

限界外部費用曲線が右上がりになるのは、最初の1単位の排出物質でもたらされる健康被害より、ある程度の排出量を超えたあとの、追加的な1単位の排出物質がもたらす健康被害のほうが大きくなることが多いからである。

このようなとき、環境の利用権が設定されていない場合は、生産量は市場均衡で決まる。そのため、生産量は私的便益が最大となるQとなる。このとき、生産者の余剰は、三角形OAQの大きさで表される。しかし、同時に、三角形OBQだけの公害被害をもたらしている。つまり、社会全体で見た利益は「三角形ＯＡＱ－三角形ＯＢＱ」となる。この時、三角形ＯＣＱは利益と被害が相殺するので、社会全体の利益は「三角形ＯＡＣ－三角形ＣＢＱ」である。

環境利用権の設定がない場合の市場均衡は、社会的に望ましい状態ではない。ここでは、私的便益から外部費用を引いたものを社会的利益として考える。生産量をＱから少し減らしてみよう。この場合、工場（汚染者）の利益がわずかに減少するが、それ以上に排煙の公害被害が減少する。全体で見ると、社会的利益は増加しているのである。このような社会全体の利益の増加は、限界外部費用曲線の値が、私的限界便益曲線の値より大きいかぎり続く。つまり、社会全体の利益は、二つの曲線が交わるところで最大となり、その大きさは三角形ＯＡＣとなる。

公害をすべて金銭補償で表すということに抵抗を感じる人もいるかもしれない。ここで扱っている公害被害は、金銭補償を受けることで人びとが納得する範囲の状況を考えているのである。たとえば、フロンガスによるオゾン層破壊の被害はあってはならないというのであれば、それはその被害の大きさが無限大であるということである。この場合、限界外部費用曲線の傾きはＯを通る垂直線になり、二つの曲線は生産量ゼロのところで交わる。つまり、社会的に望ましい生産量は、ゼロなのである。

## コラム　ダイバーと漁業

美しい南の海を求めて、沖縄には多くのダイバーが集まってくる。しかし、彼らが潜る海はだれのものなのだろうか？　実は、地元の漁業関係者とダイビング業者との間で、海の利用をめぐる対立が問題となる場合がある。

漁業関係者は漁業権を得ており、そこにくるダイバーたちが彼らの権利を侵害すると主張しているのである。そして、ダイバーを連れてくるダイビング業者に迷惑料の支払いを要求している。これに応じた者も多いが、なかには迷惑料を支払わない業者もいる。はたして、どちらが正しいのだろうか？

漁業権は、ある水域で漁業を営む権利である。もし、ダイバーの存在が原因となって漁獲高が減少していれば、それは漁業関係者の権利を侵害していることになるので、その補償を行う必要があるだろう。この場合は、交渉によって、ダイビング者数と漁獲高、補償額が決定し、ローナルド・コースの考えた世界が実現するだろう。しかし、漁獲高がダイバーによって減少した証拠がなければ、迷惑料を支払わないダイビング業者に一理あるということになる。

いずれにしても、漁業をする権利は明文化されながら、ダイビングを行う権利が明確でないことに問題があるのかもしれない。（有村）

### 利用権の設定と交渉による社会的利益の最大化

以上の状態は、環境の利用権（ここでは、大気を利用する権利）が、明文化されていない場合である。多くの公害・環境問題が発生するのは、このようなケースである。コースは、環境の利用権がだれに属するかはっきりしないことが、このような環境問題の原因であると主張した。そして、利用権の設定が行われれば、汚染者と被害者の間に交渉が行われ、社会的に望ましい状態が達成されることを示した。

はじめに、環境の利用権が住民（被害者）にある場合を考えよう。この場合、住民はきれいな空気を吸う権利をもつことになる。工場（汚染者）は、その権利を侵害して排煙を出し、被害をもたらしているので、その被害を補償しなければならないということになる。住民は工場と交渉して、この補償を要求することになる。

当初、工場が図3－1のQだけ生産していたとしよう。今、住民に環境の利用権が設定されたから、工場側は三角形OBQの大きさだけの被害を補償しなければならない。これでは、利益は明らかに減少してしまうし、赤字に転落してしまうかもしれない。そこで、補償の負担を減らすために生産量を減らすことを考えることになる。仮に生産量をFまで減らしたとしよう。このとき、利益は三角形FEQの分だけ減少するが、補償額はそれ以上の四角形FDBQの大きさの分だけ減少する。つまり、失う利益より補償額負担の減少が大きい。工場にとっての負担は、生産量をFまで減らすことによって軽くなるのである。

工場側にとっては、さらに生産量を減らすことが得策である。限界外部費用が私的限界便益よりも大きいかぎり、企業側は生産量を減らすことによって、減少する利益よりも大きい補償負担を減らすことができる。しかし、限界外部費用が私的限界便益より小さくなると（図のQ*の左側）、補償額の減少部分よりも、利益の減少部分のほうが大きくなる。工場にとっては、Q*以上に生産量を減らす理由はなくなる。

住民にとっても、これ以上生産量の減少を要求する理由はない。工場側は公害を出してはいるが、それと同等の金銭補償（三角形OCQ*）をしているので、住民の生活の満足度（効用）は、排煙被害がまったくない場合と同様だからである。つまり、住民の負担する限界外部費用はゼロ、企業の生産者余剰は三角形OACとなる。そしてこのとき、社会的利益は最大化され、社会的に望ましい生産量が実現されているのである。

## コラム　所有権の決定と分配の問題

コースの定理は、環境問題解決においては、環境の利用権を設定することが重要であり、そのさい、だれが最初にその権利を所有するかは問題でないことを指摘している。だれが利用権をもつにせよ、交渉が問題を解決し、社会的な利益を最大化するのである。

しかし、だれがいくら得をするのかという分配の問題は、所有権の決定に大きく依存する。たとえば、この章の例のような状態で汚染者に権利を与えるというのはいかがなものだろうか。被害者がみずからのお金で、汚染者の利益を補償するというようなことは、社会的に受け入れがたいだろう。とくに、工場の排煙に悩むような地域の住民は必ずしも富裕層ではない。米国でも、所得の低い人の居住地域において、危険性のある化学工場や廃棄物関連施設など、迷惑施設による公害問題がしばしば報告されている。近年では、このような事象は環境正義（Environmental Justice）という言葉で議論されている。この観点からいえば、本章のような公害問題においては、被害者に環境の利用権を与えるというのが妥当ではないだろうか？

（有村）

### 汚染者に環境の利用権がある場合

次に工場側に環境の利用権が与えられた場合について考えてみよう。この場合、工場側は大気を汚してよいというお墨付きをもらっているので、道義的にはともかく、法律的には何の問題もないことになる。

先ほどと同様、当初、工場側がQの生産をしていたとしよう。権利をもたない住民側も生産量Qで満足するだろうか？　住民側が合理的に行動すれば、生産量を減らす交渉を工場と始めることになるだろう。たとえば、生産量をFまで減らせば、企業の利益は三角形FEQだけ減る。しかし、そのとき、住民の被害は四角形FDBQも減少するのである。住民が三角形FEQの大きさだけ、工場の利益を補償すれば、工場側は生産量をFまで減らすことに何の異存もないはずである。いっぽう、住民のほうも、三角形FEQ分だけ支払って、四角形FDBQ分の効用を得る（被害が減る）のであるから、四角形EDBQの分だけ得をするのである。つまり、生産量を減らさせて、その分工場の利益を補償することが、合理的な行動となる。

このように、生産量を減少させ、失われる利益を補償する交渉は、生産量が$Q^*$となるところまで続く。$Q^*$以上に生産量を減らすと、減少する公害被害が補償すべき利益より小さくなるので、住民側に工場の利益を補償する動機がなくなるのである。環境の利用権が工場側にあるときでも、交渉を通して社会的利益は最大化することがわかったのである。

以上の例で明らかになったのは、環境の利用権が設定されれば、それがだれに属しているかは問題ではなく、交渉を通して社会の利益は最大化されるということである（コースの定理）。社会全体の利益の最大化を考えるならば、政府はだれに環境の利用権を与えるかに関して悩む必要はないのである。交渉によって当事者が問題を解決してくれるのである。もちろん、だれが利用権を保有しているかによって、汚染者・被害者の所得は変わるが（コラム所有権の決定と分配の問題参照）、生産量や大気汚染被害額は、利用権をどう分けるかに依存しないのである。

なお、今回の例は大気汚染という古典的な例を紹介したが、外部性がある問題では、いろんなところでコースの定理の考え方は成立する。たとえば、高層ビルの建設は、周辺住民の日照権を奪い、外部不経済を発生しうる。このような場合でも、同じような議論が成り立つ。被害を受ける周辺住民が日照権をもっていれば、建設するビルの高さを下げることを要求できて、社会的に適正な高さに交渉の結果が落ち着く、ということが期待できるのである。

## II　コースの定理の限界

### 取引費用の存在

ここまでで明らかになったことは、環境の利用権が設定されれば、それがだれに属していても、交渉によって社会的に望ましい状態が達成される可能性があるということである。逆にいえば、社会が抱える環境問題は、環境の利用権が設定されていないために当事者間の交渉が行われず、問題が解決しないためだということになる。

実際の社会でも、環境利用権さえ設定すれば、交渉によって社会的利益が最大化されるのだろうか？　ここで問題となるのが、取引費用の存在である。たとえば、排煙の被害者が実際に工場と交渉を行うためには、それなりの時間を費やさなければならない。勤めを休んだり、家事を切り上げたり、余暇時間を削ったりして、交渉のテーブルに着くことになるかもしれない。また、弁護士に交渉を依頼しなければならず、そのための費用も必要となるだろう。このような交渉のために必要な費用のことを**取引費用**と呼ぶ。

住民側に環境の利用権が設定された場合について、この取引費用のことを考えてみよう。もし、交渉によって増加する住民の効用が、欠勤によって失われる所得より小さければ、住民側には交渉を行う合理的な理由はなく、交渉は発生しないだろう。いわゆる「泣き寝入り」の状態である。

これらの取引費用は、限界外部費用には含まれていない。外部費用は排煙によってもたらされる公害被害であり、交渉のための費用ではないからである。交渉がなければ、環境の利用権が設定されても、汚染の削減による社会の利益の最大化は起こらない。

日本の経験を振り返ってみると、この取引費用が大きくなりうることは容易に想像がつく。四日市ぜんそくの患者が最初に多発したのは1961年であったが、被害者が汚染者を提訴したのは1967年、そして地裁での判決が出たのは1972年であった。この間、約10年という年月が費やされた。1970年以降のピーク時には、認定患者の数は1140名にもなった。

環境問題の公共財的側面も、この取引費用を増大させる原因の一つである。環境問題によって生じる被害額を特定するのは必ずしも容易ではない。たとえば、大気汚染によって生じる健康被害は医療費や失われた所得によってある程度把握できるかもしれないが、大気汚染によって発生した不快感はどのように調べることができるだろうか？　ほんとうは年間1万円程度しか不快と感じていない人でも、10万円と申告すれば、10万円の補償金が得られるかもしれない。ほんとうに環境問題で苦しんでいる人を横目に、心ない人がこのような嘘《うそ》をつくことによって得をする可能性がある。そして1人の人が打算的に行動したことがわかると、たくさんの人が多めに被害を申告し、交渉そのものが決裂する、という理論的な研究もある。これは、環境問題の被害が多くの人によって共有されるという公共財的な側面によるものである。

## 交渉対象の特定のむずかしさ

コースの定理のもう一つの問題点は、交渉対象を特定するむずかしさにある。たとえば、工場地帯では多数の工場が密集しており、どの工場の排煙がどの地域の住民にどの程度被害をもたらしたかを特定するのは、容易ではない。

自動車の排ガスが原因である場合は、交渉相手の特定はさらにむずかしくなる。実際に20

00年に和解が成立した尼崎《あまがさき》大気汚染訴訟では、大気汚染は工場排煙のみならず、自動車の排ガスも原因であったとされた。この場合は、自動車の運転者が公害の原因者である。しかし、実際にどの人の車が、どの地域でどの程度被害をもたらしたかを明らかにするのは、工場排煙の場合より、さらに困難であった。排ガスによる環境被害は、渋滞状況や、どの時間に自動車に乗ったかにも依存する。また、たとえ通勤・業務用の自動車利用について、自動車の利用時間と場所が特定できたとしても、個々人が私用で乗る自動車に関しては時間と場所の特定・予測は困難であった。

このように、加害者と被害の関係が単純でない場合、被害者はだれを相手に交渉を行えばよいかという問題に直面する。交渉相手が特定できなければ、コースの定理が成り立たないのは当然である。

地球温暖化問題においてもコースの定理の問題点は明らかである。温暖化問題においては、環境問題の原因となるのは、石油や石炭などの化石燃料を利用してきた現在の世代のわたしたち、あるいはわたしたちより前の世代である。そして、温暖化の被害を主に受けるのは、今はまだ実在しない、将来の世代なのである。ここでは、被害者が交渉のテーブルに着くことさえできない。一部の現在の世代の人びとが、**将来世代**に代わって利益を主張しているという面はあるかもしれないが、それによって将来世代と**現世代**との交渉が、コースのいう意味において成立しているとはいえないだろう。温暖化被害を抑制するために、マイカー利用を避けて電車などの公共交通機関を利用しようという人が多数派になっていない今、社会の利益が最大化されていないのは明らかだろう。

### コラム　東京駅の空間取引

コースの定理は、日本の都市開発においても活用されている。実は、東京駅の大改修と耐震化においてもこの考え方が使われているのである。東京駅は第二次世界大戦の空襲で屋根の部分を損傷し、3階部分も破壊され、駅舎は2階になっていた。2014年の開業100周年を記念して、建設当時の姿を取り戻すと同時に耐震補強も行うことになったのだ。しかし、その改修費用は500億円！　この費用をまかなうために行われたのが、コースの定理を活用した空間取引である。ある敷地に建設が認められる建物の大きさを表すのが容積率だ。東京駅のある丸《まる》の内《うち》エリアは、高層のビルを建築することが許可されている。いわゆる特例容積率適用地区であり、容積の一部を移転できるエリアである。東京駅の所有者であるJR東日本は、高いビルを建てる代わりに、自分の容積率を東京駅周辺のビルに販売したのである。この空間取引により、駅の所有者であるJR東日本は500億円を入手でき、歴史的建築物の修復と耐震補強を実現できたのである。

（有村）

## III　コースの定理の応用――排出量取引

取引費用の問題を改善しながら、コースの定理を応用した環境政策として、**排出量取引**という制度があり、多くの国ですでに用いられている。ここでいう環境の利用権とは汚染等を排出してよいという権利である（近年では権利〔right〕ではなく許可〔permit〕等ということが多い）。個々の当事者が互いに交渉をするのではなく、政府が発行した排出する権利を市場で取引することで、取引費用を軽減しながら汚染物質の排出量を削減しようという試みである。

地球温暖化問題の国際的な取り組みとして最初に合意された京都議定書においても、排出量取引制度は、一つの手段として採用され、活用された。その後、EUをはじめとして各国で導入された。ここでは、排出量取引制度について詳しく見てみよう。

### 排出量取引制度とは

まず、最初に政府が、規制の対象となる経済において許容できる温室効果ガスの総排出量を決定する。この水準は、政府がさまざまな条件を考慮して設定するものであり、環境税が目指す社会的に最適な汚染水準であるとは限らない。そして、政府は温室効果ガスを1単位排出する権利を排出枠と呼び、決定した総排出量の分だけの排出枠を設ける。

次に、政府は排出枠を企業に与える。譲渡される量は、各企業の過去の排出量にもとづくことが多いが、後で説明するようにこの配分の仕方は経済全体への負担の大小には影響しない。

排出枠を得た企業は、その量に見合うだけの温室効果ガスを排出できる。排出量を削減して排出枠が余れば、それを市場で他の企業に売却して利益を得ることができる。逆に、排出量が排出枠の量より多ければ、不足分を他の企業から購入しなければならない。このようにして、排出枠を市場で売買するのが、排出量取引制度である。

このさい、政府は各企業がどのくらいの排出枠を保有しているのかを把握するのと同時に、その企業の排出量についても監視をしていなければならない。そして、企業が保有する排出枠の量を超えて排出した場合に何らかの罰則を科する必要がある。そうでなければ、企業は排出枠を遵守しない可能性があり、経済全体での排出削減目標を達成できないということもありうる。

排出量取引制度の創設時には、市場の形成にあたって排出枠のオークションを行うなど、政府が何らかの役割を担うことが必要だろう。「排出する権利」という新しい商品を売買するということには、多くの企業がとまどうことが予想されるからである。

### 排出量取引制度の意義

汚染を排出する権利を売買するとは何とも聞こえは悪いが、排出量取引は次のような意味で合理的な制度である。排出削減の容易な企業は排出削減を行い、削減の困難な企業は排出枠を買い足すことで規制に従う。その結果、目標の排出削減を達成しながら、経済全体の費用を最小にできるのである。

京都議定書では、各国間の温室効果ガスの排出量取引制度が活用された。排出量取引制度の合理性を、温室効果ガス削減の国際的な取引を事例として説明しよう。

今、A国とB国の2ヵ国から世界は成立していると考えてみよう。温室効果ガスの排出需要曲線が図3－2、3－3のように示されているとしよう。第1章で説明したように、需要曲線の下側の面積は、排出によって得られる効用、つまり余剰である。規制のない段階では、温室効果ガス排出にお金を支払う必要はないので、価格はゼロである。つまり、規制前のA国の排出量は、$E_A^0$である。排出量を少しでも減らせば、その分だけ余剰は減少する。B国では、規制前の排出量は$E_B^0$なので、2ヵ国からの総排出量、つまり世界全体の総排出量は$E_A^0+E_B^0$となる。

この排出需要曲線は、さまざまな要因によって決定される。化石燃料の値段やその国の経済構造によって大きく異なる。そのため、需要曲線の傾きがA国とB国で異なることに注意しよう。A国のほうがB国にくらべ、勾配が急である。これは、A国における温室効果ガスの削減にかかる費用が、B国よりも大きいことを表している。たとえば、日本は二度のオイルショックや高いエネルギー価格によって、さまざまな省エネ投資が行われ、すでにGDP（国内総生産）単位あたりのエネルギー消費量が他の先進国とくらべて少ない。そのため、京都議定書の第一約束期間（2008～12年）が始まる頃に日本で二酸化炭素を削減することは、他の先進国よりもむずかしいことが議論されてきた。つまり、温室効果ガスの削減費用が相対的に高く、この例でいうとA国に近いと考えられる。

さて、この世界において温室効果ガスの排出量を削減するために、排出量取引制度を用いる

図3－2　A国の排出需要曲線

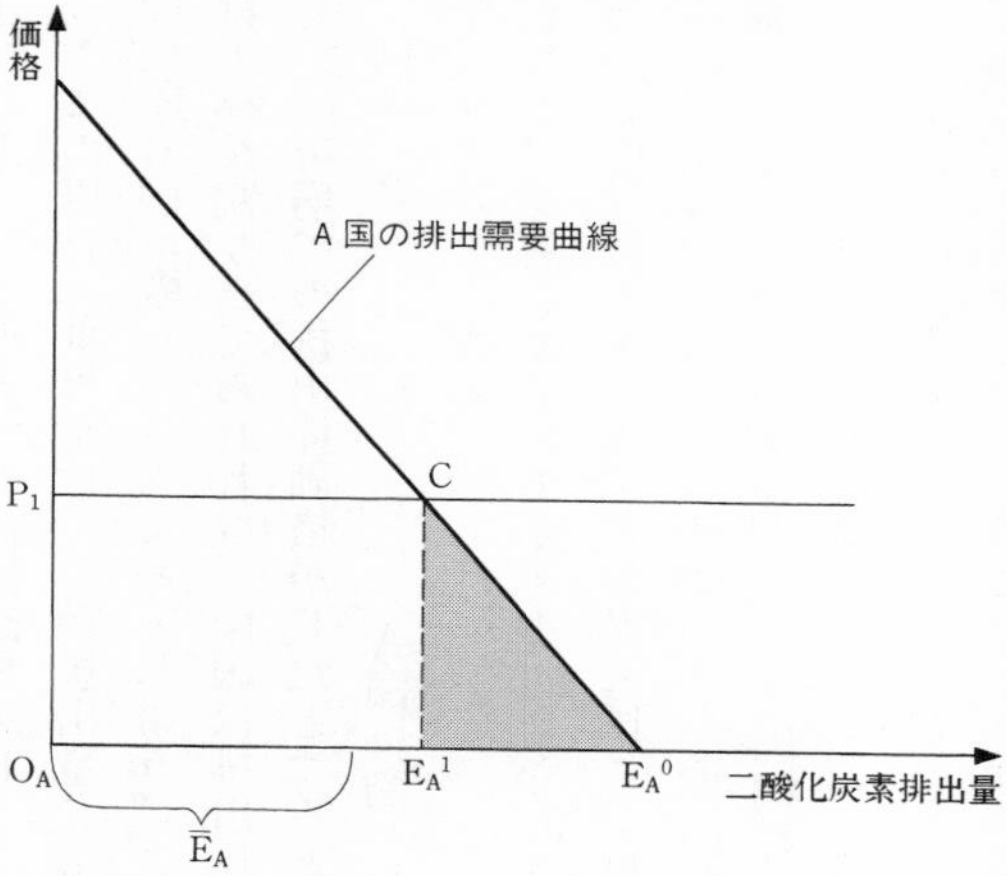


図3－3　B国の排出需要曲線

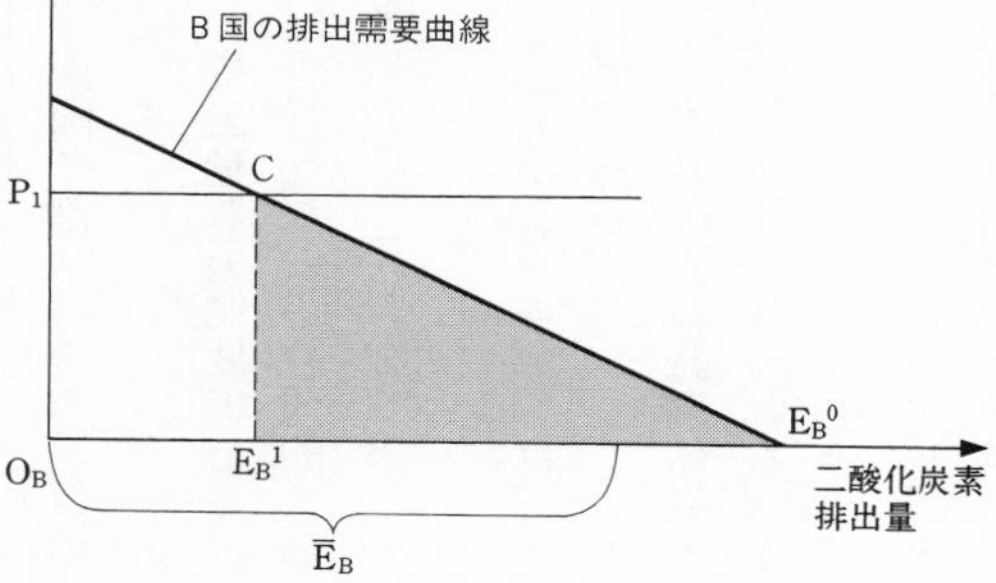

ことを考えよう。世界での総排出量を$\overline{E}$とすることを目標として、排出量取引を導入したとしよう。この場合、世界全体での総排出量をもとに排出枠を設定して、両国に割り当てる。仮にA国に$\overline{E}_A$B国に$\overline{E}_B$を割り当てるとしよう。この時$\overline{E}_A+\overline{E}_B=\overline{E}$となっている。

排出枠が割り当てられれば、両国は排出枠を売買できるというのが排出量取引制度である。たとえば市場での排出枠価格が$P_1$だとすると、A国は、$E_A^1$の分の排出を行うことが合理的である（図3－2）。この排出量が、A国に割り当てられた排出枠より多いので、不足分をB国から購入することとなる。

ここで、A国が温室効果ガス排出量を$E_A^1$まで削減するとしよう。A国の余剰（所得）は、三角形$E_A^1CE_A^0$だけ減少する。これがA国における温室効果ガス削減の費用である。

では排出枠の価格はどう決まるのだろうか。排出枠の価格が$P_1$のときのB国での温室効果ガス排出量は$E_B^1$となる（図3－3）。A国同様、売買に関する意思決定がB国でも行われる。このとき、世界全体の排出量は、$E_A^1+E_B^1$となる。もしこの排出量が$\overline{E}$より大きければ排出枠が不足し、排出枠の市場価格は上昇するだろう。もし、この排出量が$\overline{E}$より小さければ排出枠が余り、価格は下落するだろう。このような調整を経て、世界全体の排出量と排出目標が一致したとき、排出量の需要と供給のバランスがとれる。これが排出量取引の仕組みである。

両国の需要曲線を用いると、排出枠価格が市場でどの水準に決まるのか、より詳細に明らかにできる。B国の温室効果ガスの需要曲線の左右を逆に描いて、鏡に映し出したようにし、こ

図3－4　排出量取引導入前の排出需要曲線

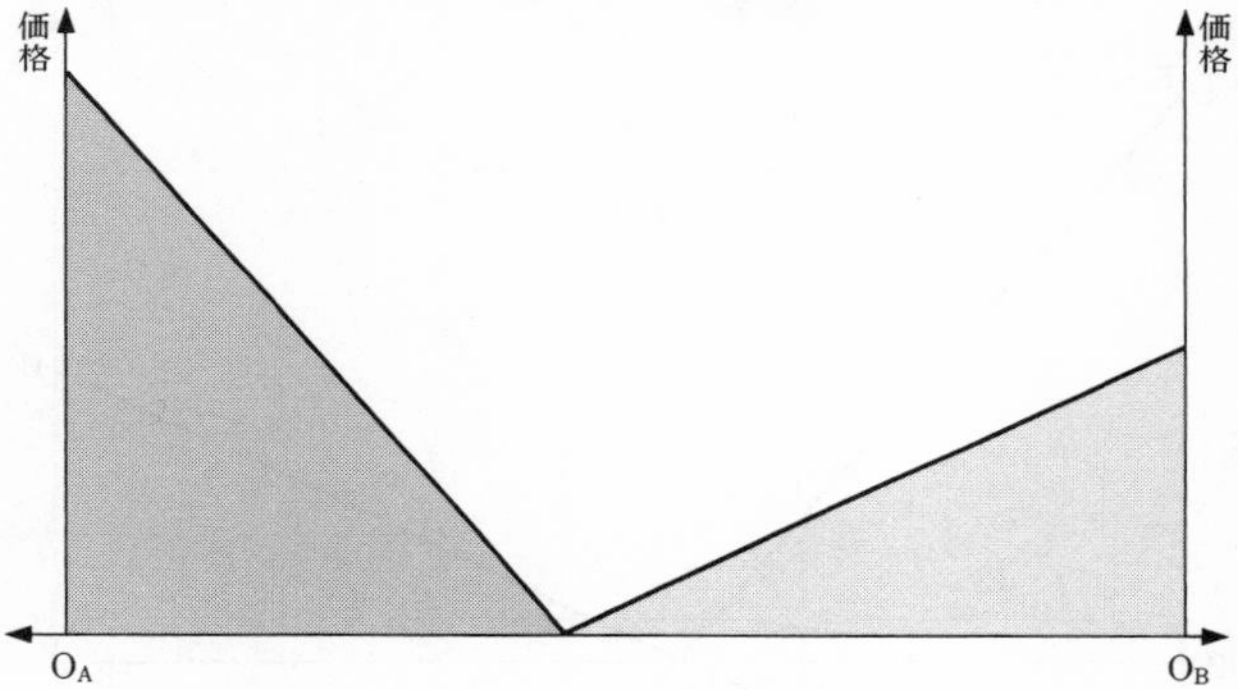


の図とA国の図を合わせて、三角形の頂点を合わせてみよう（図3－4）。図の両端の長さ（$O_AO_B$）は、温暖化対策を実施する前の世界全体の温室効果ガス排出量を表している。

温室効果ガス排出量を$\bar{E}$にするということは、この図全体の幅を$\bar{E}$に縮めるということである（図3－5）。このとき、排出枠の需要と供給が釣り合う市場での価格は、2ヵ国それぞれの需要曲線の交点Gの高さ$P^*$になる。このとき、A国の需要量は$E_A^*$、B国の需要量は$E_B^*$となり、両国の需要量を合わせると図の横幅、つまり、$\bar{E}$に等しくなる。価格が$P^*$より高ければ、需要が供給より小さくなるため価格が低下し、逆であれば価格は上昇し、均衡価格$P^*$が実現すると考えられる。

仮に、A国の初期割り当てが$\bar{E}_A$だとすると、A国は$E_A^* - \bar{E}_A$の分だけ、排出枠をB国から購入することになる。世界全体の排出量の目標が$\bar{E}$であるから、B国の初期割り当ては$\bar{E}_B = \bar{E} - \bar{E}_A$となる。このとき、価格が

図３－５　排出量取引導入後の排出需要曲線

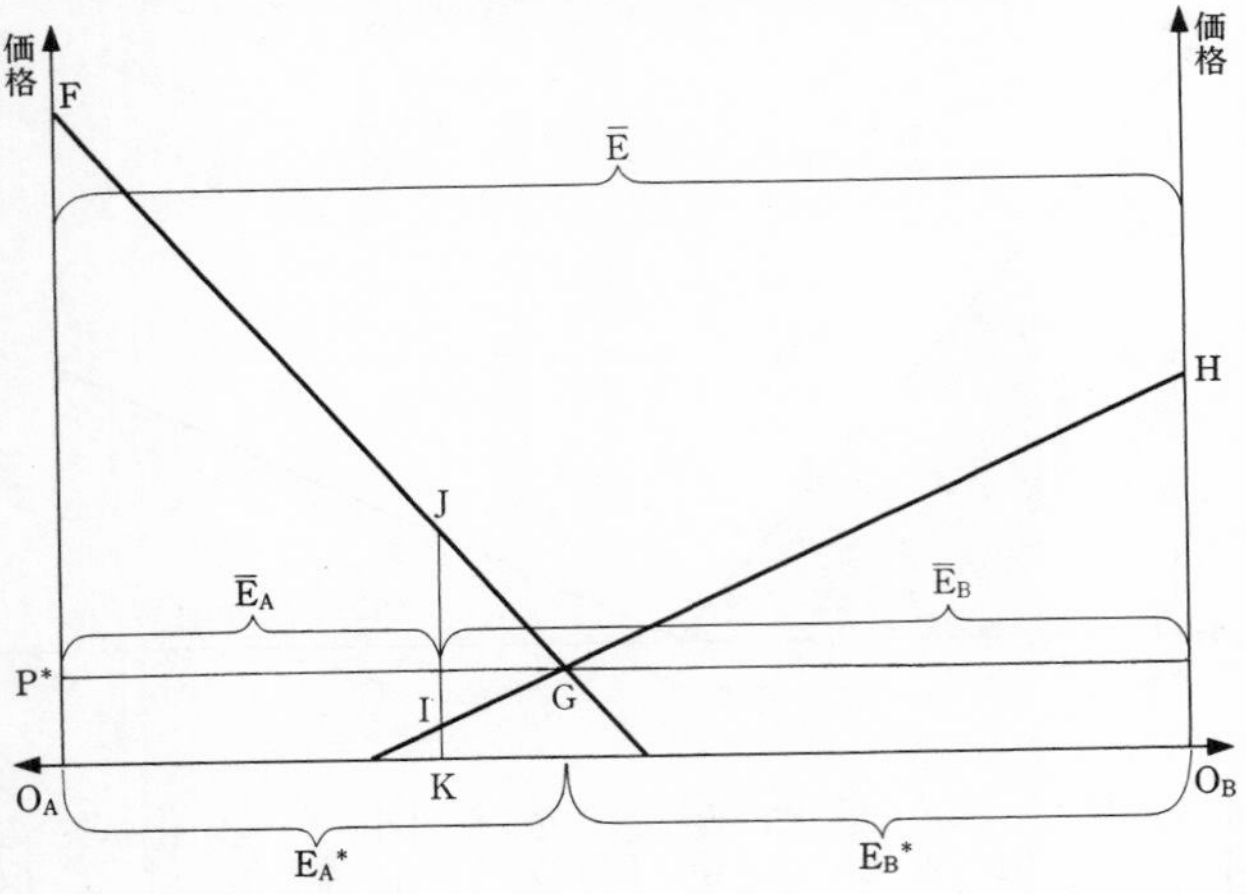


$P^*$の場合B国は$\overline{E}_B－E_B^*$だけ排出枠を売却しようとする。つまり、排出枠の需給バランスがとれているのである。

この取引を、それぞれの国が温室効果ガスを削減するために必要な費用という観点から見てみよう。B国が排出枠を売却するということは排出できる量が減るということだから、その分、B国は排出を削減しなければならない。B国はA国よりも温室効果ガスを削減するためのコストは低いので、削減は容易である。これに対して、温室効果ガス削減に多大なコストのかかるA国では、B国から排出枠を購入した分だけ排出削減の量が少なくてすむ。

これは世界全体の経済を考慮したとき、極めて合理的な制度である。排出量取引の結果、排出削減の容易なB国では排出が多く削減され、そうでないA国では、排出削減はそれほどでもない、ということなのである。

さて、世界全体での排出量削減の費用について、図を用いて考察してみよう。排出量取引をした場合は、A国は$E_A^*$、B国は$E_B^*$だけ排出するので、A国とB国を合わせた余剰は五角形$O_A$FGH$O_B$となる。

仮に、排出量取引を実施しないで、各国がそれぞれ割り当てられた排出枠だけ排出するとどうなるだろうか？　この場合、A、B両国は、それぞれ初期割り当ての$\bar{E}_A$、$\bar{E}_B$だけ排出が許される。これは京都議定書において先進国の排出削減目標が決定されたが、排出量取引を認めないという場合である。この場合、A国の余剰は四角形$O_A$FJK、B国については、四角形$O_B$KIHとなる。つまり、三角形JGIだけ世界全体の余剰が減少してしまう。言い換えれば、排出量取引は世界全体の削減費用を最小化しているのである。

なお、排出枠をどの国にどう割り当てても、世界経済全体での温室効果ガス削減費用には影響しない。これは、コースの定理において、環境の利用権の配分の仕方が、交渉の結果に影響を与えないことと同じである。もちろん、初期配分の仕方は、どの国がどれだけ得をするかということに影響するため、初期配分についての当事者間の調整は容易ではない。

以上をまとめると、排出量取引は市場メカニズムを用いて、排出削減の容易な国に、より多くの削減をするインセンティブを与える。この結果、世界全体での排出削減の負担が最小化される。そうすれば、その余剰のお金をより有効なことに使えるという、効率的なメカニズムが排出量取引なのである。

なお、この事例では国際間の排出量取引を説明したが、国内制度としても排出量取引は活用できる。実際、第7章で紹介するように、多くの国、地域で、企業間の排出量取引として政策が実施されている。また、排出量取引も環境税も価格メカニズムを用いて、効率的に汚染物質や温室効果ガスの排出削減を行える制度である。経済学的な効率性という意味では、両制度とも同様の効果が期待できる。図3－5の例で言えば、両国で$P^*$の環境税が導入されれば、同じ排出削減を達成できる。ただし、環境目標の達成という意味においては、両者は異なる性質を持つ。税が事前に排出削減の量を予測するのがむずかしいのに対して、排出量取引の場合は、確実に削減目標を達成できるのである。

## 取引費用の問題

排出量取引は、コースの定理にヒントを得たアイデアではあるが、汚染者と被害者間の交渉は想定していない。つまり、両者の交渉により、社会的利益を最大化するということは最初からあきらめている。通常は政府が総排出枠を決定し、汚染者同士、あるいは、排出者同士の間での権利の取引により、一定量の排出削減を最小費用で行おうという制度である。

しかし、これによって、被害者と加害者の交渉の妨げになる取引費用の問題を回避し、汚染者間で取引を円滑に行うことが可能になっているのである。実際には、制度の導入にともない、取引費用が大きくならないように、政府が市場の立ち上げに一定の役割を果たすことが期待される。そして、ある期間を過ぎると取引費用が低下し、排出量取引が円滑に機能するということが、これまで経験されている。排出量取引は、多数の汚染者がいるような環境問題においては、取引費用に注意をすれば有効な政策手段となるのである。

# 第4章　ごみ処理有料制とその有効性

２０２０年度の日本のごみ排出量は全国で４１６７万トンとなっており、東京ドームの約１１２個分ものごみが排出されている。ごみの排出量は１９８５年以降増加し、２０００年をピークに減少に転じている。ごみは中間処理の過程を経て、２０２０年度は排出量のうち74・3％が減量化され、20％が再資源化されている。その結果、総排出量に対する最終処分の割合は９・１％となった。

近年のリサイクルの推進によって最終処分場の残余年数（あと何年で最終処分場がいっぱいになるか）は延びているものの、２０２０年度末で22・4年となっている。最終処分場の容量は限りがあるため、ごみ排出量の抑制やリサイクルの推進は重要な政策課題である。ごみ処理有料制はごみの排出量削減やリサイクルの推進に有効であると考えられている。

これに対して、住民のなかには、有料制の実施はごみ排出量の減量化につながらず、住民の負担を増やすだけであるとして、反対の立場をとる人も多い。ほんとうに有料制の実施は住民の負担を増やすだけで、ごみ排出量の減量化につながらないのだろうか？

この章では、ごみ処理手数料の有料化が社会全体の利益を増加させる有効な政策であるかどうかについて分析し、ごみ処理の有料制の意義を考えてみよう。

## I　ごみ処理有料制の効果

### ごみ処理無料制のケース

まず、ごみ処理手数料が無料であり、その代わり、ごみ処理費用が住民税などの税金でまかなわれているケース（ごみ処理手数料無料制ケース）について考えよう。ただし、ここでは、分析を簡単にするために、将来世代からのごみ排出の問題を明示的に扱わず、現世代しか存在しないものとする。現世代と将来世代の2世代が存在する場合、ごみ処分場を世代間で最適に利用するための有料制のあり方については、第II節で扱う。

### 最適なごみ排出量とは何か？　社会的利益の最大化

図4－1はごみ排出量とごみ処理手数料の関係を表している。Dはごみ排出者（家計）によ

図4－1　ごみ排出量とごみ処理手数料

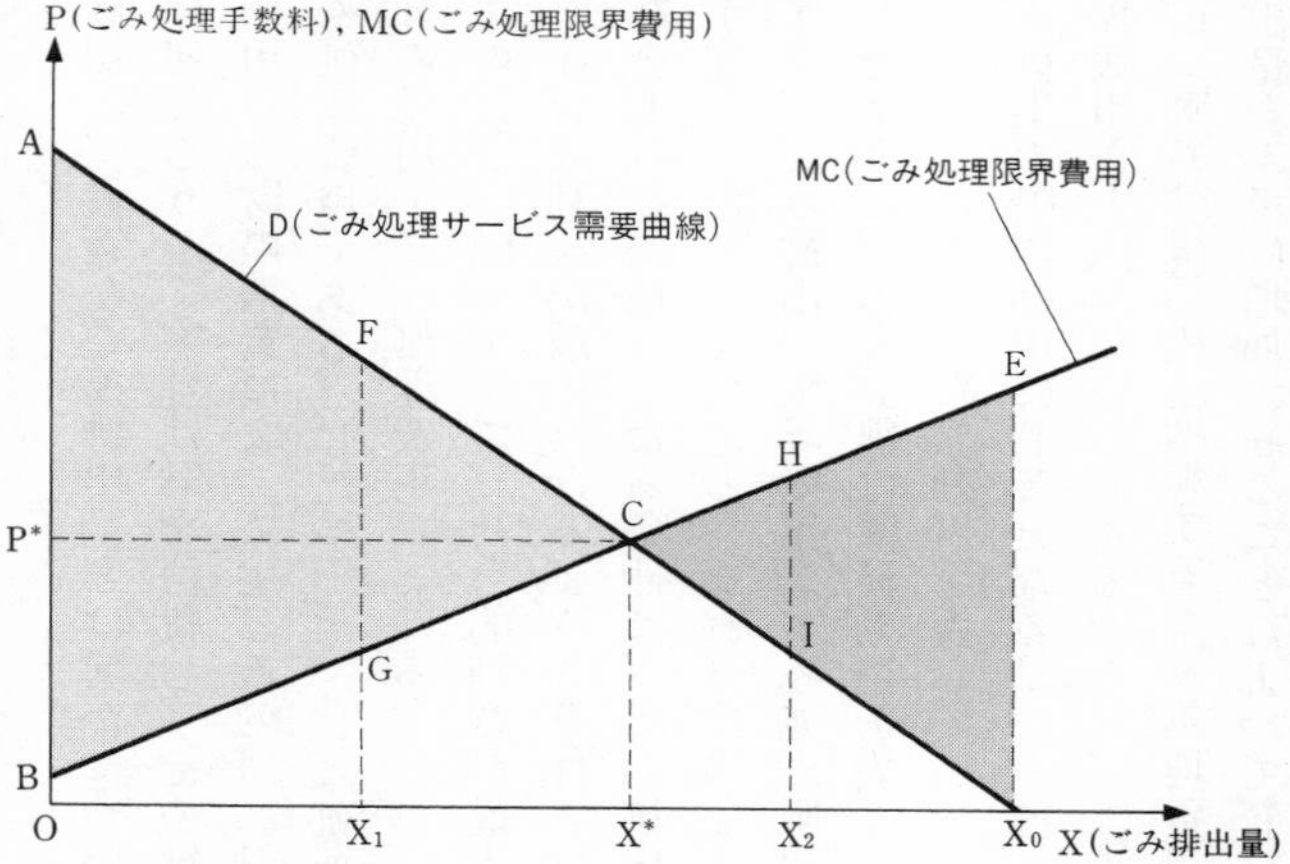


るごみ処理サービス需要曲線、MCはごみ処理の限界費用である。ただし、ごみ処理サービス需要量はごみ排出量で測るものとする。なぜなら、ごみを排出することによって、その分だけごみ処理サービスを受けているからである。図において、横軸はごみ排出量であり、縦軸はごみ排出量1単位あたりのごみ処理手数料（または自治体によるごみ処理の限界費用〔MC〕）である。ここで、ごみ処理サービス需要曲線が、ごみ処理手数料の上昇にともなって減少するように描かれていることに注意しよう。このことは、ごみ処理手数料が高くなると、ごみ排出者はごみの原因となるような包装を断ったり、使い捨ての品物をできるだけ買わないようにするなど、よりいっそうごみを出さない努力をするようになる結果、ごみ排出量が減少することを意味してい

る。

最初に、最適なごみ排出量とは何かについて考えよう。ごみ排出によって家計に生じる効用とは何だろうか。家計は財を消費し、その結果としてごみを排出する。したがって、ごみ排出の効用とは財の消費によって生じる効用に対応している。いっぽう、社会全体に生じる費用は、ごみ処理費用である。したがって、ごみ処理によって生じる社会的利益は、「ごみ排出による家計の効用－ごみ処理費用」となる。

このとき、図4－1で、社会的利益が最大になるようなごみ排出量とはどこだろうか？　また、社会的利益が最大となるような条件とはどのようなものだろうか？

社会的利益が最大となる条件は、ごみ排出によって家計に生じる限界効用とごみ処理限界費用が等しくなることである。これは次のような理由による。

まず、ごみ排出の限界効用がごみ処理限界費用より大きい場合を考えてみよう。第1章で説明したように、需要曲線は限界効用を表すので、ごみ処理サービス需要曲線は、ごみを排出することによる家計の限界効用を表している。たとえば、図4－1でごみ排出量が$X_1$であるとき、ごみ排出の限界効用は$FX_1$となる。いっぽう、ごみ処理限界費用は$GX_1$であるため限界効用が限界費用を上回っている。このことは、ごみ排出量を1単位増加させることによって増加する効用（限界効用）が、増加するごみ処理費用（限界費用）をFGだけ上回っているため、ごみ排出量を1単位増加させることによってFGだけ社会的利益が増加することを意味している。

これはごみを抑制するために、消費を過度に抑制した場合に生じる。この場合には、排出量を1単位増加させることによって可能となる消費の増加が、ごみ処理費用の増加を上回る効用の増加をもたらすからである。

このように、ごみ排出量を増やすことによって、さらに社会的利益を増加させる余地があるため、$X_1$において社会的利益は最大になっていない。一般に、ごみ排出の限界効用がその限界費用を上回っているかぎりは、ごみの排出量を増加させることによって社会的利益を増加させることができる。

逆に、点$X_2$のようにごみ処理限界費用がごみ排出の限界効用より大きい場合には、ごみの排出量を減少させることによって社会的利益を増加させることができる。

以上から、図4－1においては、ごみ排出量が$X^*$のとき社会的利益は最大となり、社会的利益（「ごみ排出による家計の効用－ごみ処理費用」）は、

社会的利益＝四角形OACX*－四角形OBCX*＝三角形ACB（①式）

で表される。

## ごみ処理無料制と過大なごみ排出量

ここで、ごみ処理手数料が無料である場合、社会的利益がどのようになるか考えてみよう。このとき、P＝0であるから、ごみ排出量は$X_0$となる。したがって、家計の利益（「ごみ排出に

よる効用－ごみ処理手数料支払い」）は、「三角形A$X_0$O－0」＝三角形A$X_0$Oとなる。

今、ごみ処理にともなって発生する費用は、自治体が住民から住民税などの税を徴収することによってまかなわれているとする。住民から徴収される税の総額がごみ処理費用に等しくなるので、税総額（すなわちごみ処理費用）は四角形OBE$X_0$となる。また、このとき、ごみ処理に関する自治体の収支は、「税収入－ごみ処理費用」＝「四角形OBE$X_0$－四角形OBE$X_0$」＝0となっている。

ごみ処理によって発生する社会的利益は、家計の利益から住民が支払う住民税総額を引き、自治体収支の黒字を加えたものになる。自治体収支の黒字を社会的利益の一部として考えるのは、黒字が生じた場合、それは最終的に自治体の他の公共サービスの財源として使われたり、あるいは、減税の財源として使われることにより、住民の利益となるからである。

ごみ処理無料制のケースにおいては、自治体収支の黒字はゼロとなるから社会的利益は、

**社会的利益＝家計の利益－住民税負担＋自治体収支の黒字**

**＝三角形ACB－三角形CE$X_0$**　（②式）

となる。

①式と②式を比較すればわかるように、ごみ処理手数料が無料の場合、最適なごみ排出量にくらべて、三角形CE$X_0$だけ社会的利益が小さくなっている。これは、ごみ排出量$X_0$が最適な排出量$X^*$を超える結果、ごみ処理限界費用がごみ排出の限界効用を上回るために生じる。この

ように、ごみ処理無料制は、ごみ排出量を過剰にし、社会的利益を小さくする。

## ごみ処理手数料定額制ケース

今度は、ごみ処理手数料が有料であるが、自治体が定額のごみ処理手数料を徴収する場合（ごみ処理手数料定額制ケース）に、社会的利益がどのようになるか考えてみよう。この場合、自治体は、たとえば1世帯あたり1万円というような、定額のごみ処理手数料を家計に課すことによってごみ処理費用の全額をまかなうものとする。

定額のごみ処理手数料は排出量に応じた負担ではないので、ごみ排出量が多くても少なくても家計が負担する手数料負担は変わらない。このため、家計にごみ排出量を減らすインセンティブが働かず、ごみ排出量はごみ処理無料制のケースと同じ$X_0$となる。このとき、ごみ処理費用は四角形OBE$X_0$となるので、自治体はごみ処理手数料総額が四角形OBE$X_0$となるように定額の手数料を決定する。したがって、家計の利益は、「ごみ排出による効用－ごみ処理手数料支払い」すなわち「三角形ACB－三角形CE$X_0$」、自治体収支の黒字は、ごみ処理手数料収入とごみ処理費用がちょうど等しくなるため、ゼロとなる。したがって社会的利益は、

社会的利益＝三角形ACB－三角形CE$X_0$（③式）

となる。

②式と③式の比較からわかるように、ごみ処理無料制と定額有料制ケースの社会的利益は同

じになる。したがって、ごみ処理手数料が有料であっても、それが定額の場合には、ごみ排出量が最適な排出量（$X^*$）を上回る結果、ごみ処理無料制と同様に社会的利益が三角形$CEX_0$だけ小さくなることがわかる。

### ごみ処理手数料従量制ケース

最後に、たとえばごみ袋1袋あたり40円というように、ごみ排出量に比例して家計からごみ処理費用を徴収するケース（ごみ処理手数料従量制ケース）について考えよう。

社会的利益が最大となるようにごみ排出量を抑制するにはどのようにすればよいだろうか？ 社会的利益が最大となるごみ排出量は$X^*$であるから、図4-1からわかるように、ごみ排出量1単位あたりの手数料を$P^*$に設定すればよい。

このとき、家計によるごみ処理手数料支払総額は、「ごみ処理手数料×ごみ排出量」＝「$P^*\times X^*$＝四角形$OP^*CX^*$」となるので、家計の利益は、「ごみ排出による家計の効用－ごみ処理手数料支払い」すなわち三角形$ACP^*$となる。

いっぽう、自治体のごみ処理手数料収入は家計によるごみ処理手数料支払総額に等しいから、自治体の手数料収入は四角形$OP^*CX^*$となる。また、ごみ排出量が$X^*$のときのごみ処理費用は四角形$OBCX^*$となる。したがって、ごみ処理事業に関する自治体収支の黒字は、

**自治体収支の黒字＝ごみ処理手数料収入－ごみ処理費用＝三角形$BP^*C$**（④式）

となる。

社会的利益は、家計の利益と自治体収支の黒字の合計であるから、「三角形ACP*＋三角形BP*C」すなわち三角形ACBとなり、社会的利益が最大になっていることが確認できる。

このように、ごみ処理限界費用に等しい水準に手数料を設定すれば、ごみ排出量を最適な水準に抑制し、社会的利益を最大にできることがわかる。

## 三つのケースの比較

これまで説明してきた、無料制、定額有料制、従量有料制の三つの政策によってもたらされる結果を比較し、望ましい廃棄物管理政策を検討するうえで重要なポイントを整理してみよう。

第一に、ごみ処理手数料が無料の場合、ごみ排出量を減らすインセンティブがごみ排出者（家計）に働かないため、ごみの排出量が過剰になる。これによって生じるごみ処理費用は、住民税などのかたちで住民が負担しているので、ごみ処理無料制は家計の負担を軽くするどころか、過剰なごみの排出によって、知らない間に住民の負担を増加させ、社会的利益を損なわせているのである。

第二に、ごみ処理手数料が有料であっても、それが排出量による従量制ではなく、定額制であるならば、社会的利益はごみ処理手数料が無料である場合と同じになり、社会的利益を最大にすることはできない。これは、定額制の場合には排出量に応じた負担ではなく、ごみ排出量が多くても少なくても負担は同じであるため、ごみ排出量を減らすインセンティブがごみ排出者（家計）に働かないからである。

第三に、社会的利益を最大にするためには、ごみ処理手数料を従量制による有料制にすることと、そのごみ処理手数料をごみ排出の限界効用（需要曲線）とごみ処理限界費用が等しくなる水準に設定することが必要である。

最後に、ごみ処理限界費用と限界効用が等しくなる水準にごみ処理手数料を設定すると、④式からわかるように、自治体のごみ処理手数料収入がごみ処理費用を上回る結果、ごみ処理事業に関して黒字が生じる可能性がある。この場合、ごみを排出する家計が処理費用を超える費用負担をしているという意味で批判が生じるかもしれない。しかし、黒字は最終的に公共サービスや減税などの財源となり、住民の利益として還元できるので、黒字自体は、社会的利益を最大にするという観点からは何ら問題ではない。

逆に、黒字をなくすために、ごみ処理手数料を引き下げ、費用をごみ処理手数料収入でちょうどまかなえるようにしようとすると、社会的利益は最大にならない。なぜなら、この場合にはごみ処理手数料は最適なごみ処理手数料の水準より低くなるので、ごみ排出量が増加し、最適な水準を超えてしまうからである。したがって、このような場合には、ごみ処理で生じた黒字の分だけ住民税を減税するなどして還付するという方法をとるべきであり、ごみ処理手数料を最適な水準から引き下げるような方法をとるべきではない。

## II　世代間の最適な廃棄物処分場利用とごみ処理有料制

### ごみ処分場は貴重な資源

第I節では、将来世代の存在を考慮せずに、ごみ処理有料制がごみの減量化にとって有効かどうかについて考えた。しかし、現在の日本では、国土の大きい米国のような国と違って、処分場を増やすことがむずかしく、処分場の建設にはさまざまな制約がある。いわば、処分場自体が貴重な「資源」となっているのである。

そこで、処分場不足の問題を考えるとき、廃棄物最終処分場を将来世代と現世代でどのように利用することが望ましいか、また、そのために、どのような政策を実施することが望ましいかという点について検討する必要がある。

この節では、なぜ、現在の廃棄物政策のもとで、現世代のごみ排出量が過大になり、将来世代の利用可能な処分場が不足するのか、また、世代間で最適にごみ最終処分場を利用するには、どのようなごみ処理有料制を実施すればよいかを明らかにしていこう。

### ごみ処理無料制のもとでの、世代間のごみ処分場利用の決定と社会的利益

まず、ごみ処理手数料が無料である場合、現世代と将来世代との間の世代間のごみ最終処分

場利用がどのように決定されるかについて考えてみよう。ただし、ごみ処理にともなって生じる環境汚染のリスクの問題は重要な問題ではあるが、以下では、処分場不足の問題に焦点を当てたいので、説明を簡単にするために、環境汚染の問題については考慮しないことにする。また、世代は、現世代と将来世代の2世代のみ存在するものとする。ここで、現世代とは現在からある一定期間の間に生存している人を指し、将来世代とは現世代以降に生存している人を指す。

### ごみ処理サービス需要曲線とごみ排出量

排出されたごみは、焼却などの中間処理の過程を経て減量化され、最終処分場に廃棄される。排出されたごみの一定割合が最終処分されると考えると、最終処分場の容量に対応して、両世代で排出可能なごみの最大量（最終処分場ごみ排出可能量）が決まる。今、最終処分場ごみ排出可能量が$\overline{X}$であり、両世代を通じて一定で、変化しないものと仮定する。実際には、新たなごみ最終処分場が建設されると、最終処分場の容量は増加するが、以下では、議論を簡単にするために、最終処分場は今以上に建設されないものとしよう。

最終処分場が両世代によって使い尽くされるものとすると、現世代のごみ排出量と将来世代のごみ排出量の合計が最終処分場ごみ排出可能量（$\overline{X}$）となる。

図4－2は、最終処分場ごみ排出可能量が$\overline{X}$のときの、世代間の処分場利用を描いたもので

ある。

図において、二つの縦軸は、単位ごみ排出量あたりのごみ処理手数料である。$D_P$は現世代の家計によるごみ処理サービス需要曲線を表している。図4－1において説明したように、現世代のごみ処理サービス需要量は現世代のごみ排出量によって表せるため、$O_P$を原点として、横軸右方向に現世代のごみ排出量を測っている。たとえば、図からわかるように、ごみ処理手数料が$P_0$であるとき、現世代のごみ排出量は$O_PX_0$である。ここで、需要曲線は、現世代のごみ排出量がごみ処理手数料の上昇にともなって減少するように描かれていることに注意しよう。このことは、ごみ処理手数料が高くなると、ごみ排出者はごみの原因となるような包装を断ったり、使い捨ての品物をできるだけ買わないようにするなど、よりいっそうごみを出さない努力をするようになることを意味している。

同様にして、$D_f$は$O_f$を原点として、左方向に将来世代のごみ排出量をとった場合の将来世代のごみ処理サービス需要曲線を表している。この図においては、ごみ処理手数料が$P_0$であるとき、将来世代のごみ排出量は$O_fX_1$となることを示している。なお原点間の距離$O_pO_f$は$\overline{X}$となるよう描いている。

$MC_0$は、排出されたごみが収集、中間処理の過程を経て最終処分場に埋め立てられるまでにかかる、ごみ処理のための限界費用を表している。ここでは簡単にするため、限界費用は一定であり、現世代の限界費用と将来世代の限界費用は同じであると仮定しよう。

### ごみ処理無料制における現世代の利益と将来世代の利益

まず、図4－2を用いて、世代を通じてごみ処理手数料が無料な場合の各世代のごみ排出量、社会的利益、また、全世代の社会的利益がどのように決定されるかについて考えてみよう。

今、ごみ処理サービスの価格はゼロであるから、現世代は$O_pX_3$だけごみを排出する。このとき、将来世代が排出したいと考えているごみの量は$O_fX_4$であるが、最終処分場ごみ排出可能量は$\overline{X}$であるから、将来世代に残されたごみ排出可能量は$O_fX_3$となり、将来世代は$O_fX_3$だけしかごみを排出できなくなる。

このとき、現世代の社会的利益を求めてみよう。

図4－2　世代間の最終処分場利用の配分

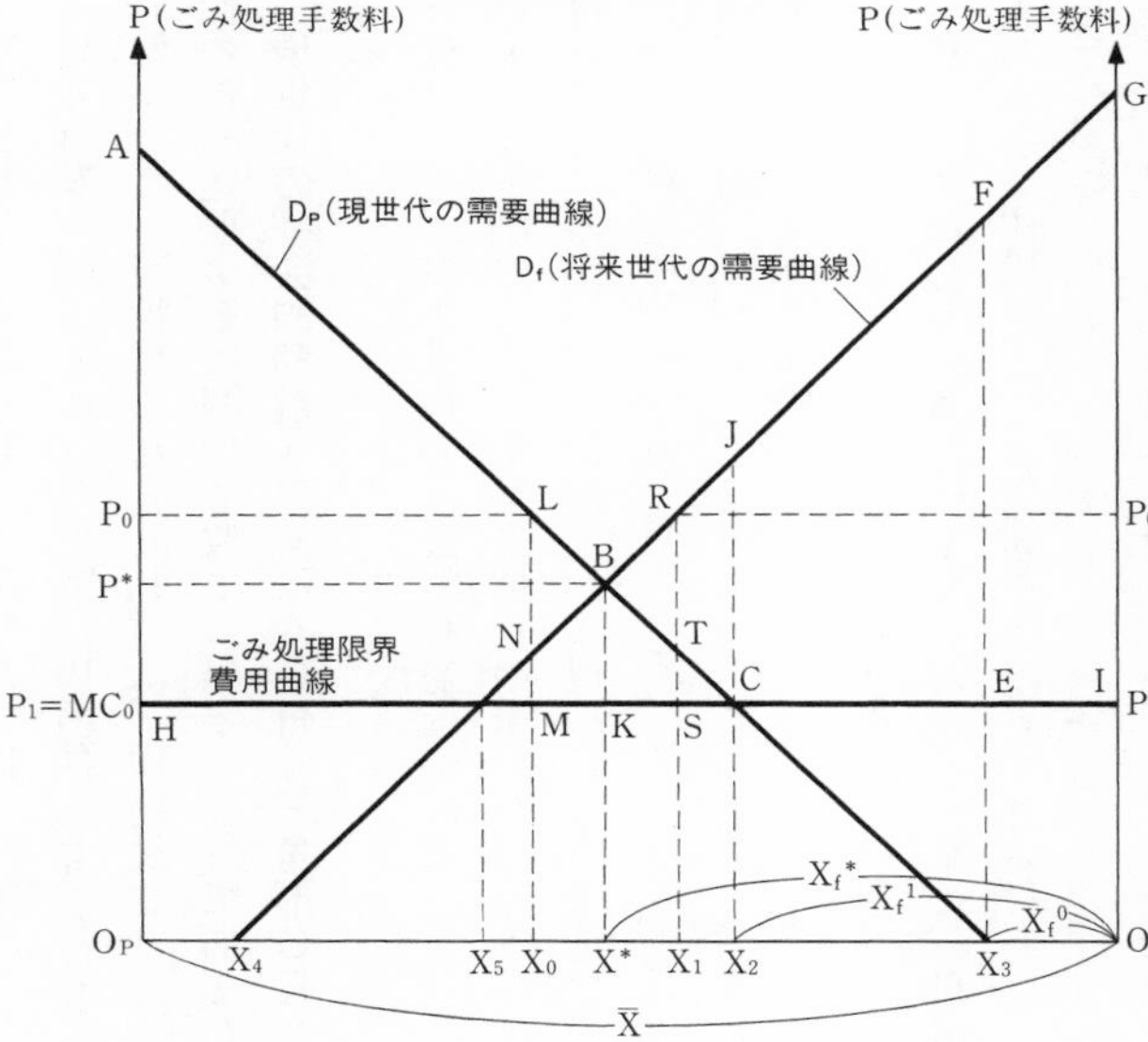


$O_PX_3$のごみ排出によって現世代の家計が得る効用は三角形$AX_3O_P$であり、ごみ処理手数料はゼロであるから、ごみ排出から得られる現世代の家計の利益（家計の効用－ごみ処理手数料支払い）は、三角形$AX_3O_P$となる。いっぽう、ごみ排出量が$O_PX_3$であるとき、自治体のごみ処理費用は四角形$HEX_3O_P$となる。この費用は住民税によってまかなわれるとすると、住民の住民税負担額はごみ処理費用と同額となり、四角形$HEX_3O_P$となる。したがって、住民税まで含めたときの家計全体の利益（ごみ排出から得られる現世代の家計の利益－住民税）は、「三角形$AX_3O_P$－

四角形$HEX_3O_p$」すなわち「三角形$ACH$－三角形$CEX_3$」となる。また、自治体の現世代のごみ処理事業に関する収支の黒字（住民税－ごみ処理費用）は0である。

したがって、現世代の社会的利益は、住民税まで含めたときの家計全体の利益と自治体の現世代のごみ処理事業に関する収支の黒字の合計であるから、

**現世代の社会的利益＝三角形$ACH$－三角形$CEX_3$＋0＝三角形$ACH$－三角形$CEX_3$**

となる。

同様にして、将来世代の社会的利益も求められる。

$O_fX_3$のごみ排出によって将来世代の家計が得る効用は四角形$O_fX_3FG$であり、ごみ処理手数料はゼロであるから、ごみ排出から得られる将来世代の家計の利益（家計の効用－ごみ処理手数料支払い）は、四角形$O_fX_3FG$となる。いっぽう、ごみ排出量が$O_fX_3$であるとき、自治体のごみ処理費用は四角形$O_fX_3EI$となる。このとき、将来世代の住民税負担額は、ごみ処理費用と同額となり、四角形$O_fX_3EI$となる。したがって、住民税まで含めたときの将来世代の家計全体の利益（ごみ排出から得られる将来世代の家計の利益－住民税）は、「四角形$O_fX_3FG$－四角形$O_fX_3EI$」すなわち四角形$GIEF$となる。また、自治体の将来世代のごみ処理事業に関する収支の黒字（住民税－ごみ処理費用）は0である。

したがって、

**将来世代の社会的利益＝四角形$GIEF$＋0＝四角形$GIEF$**

となる。
現世代の社会的利益と将来世代の社会的利益を合わせた、全世代の社会的利益はどのように表されるだろうか？　説明を簡単にするために、ここでは、割引率[※1]を0と仮定すると、全世代の社会的利益は、現世代と将来世代の社会的利益の合計となる。したがって、

全世代の社会的利益＝三角形ACH＋四角形GIEF－三角形CEX₃（⑤式）

となる。

**全世代の社会的利益を最大化できないごみ処理無料制**

今、現世代のごみ排出量を1単位増やすことによって生じる現世代の社会的利益の増加について考えてみよう。

現世代の社会的利益は、住民税まで含めた家計の利益（「家計の効用－住民税」）と自治体収支の黒字（「住民税収入－ごみ処理費用」）の合計である。ここで、家計の支払う住民税と自治体の住民税収入は同じものであるから、最終的に、

現世代の社会的利益＝現世代の家計の効用－現世代のごみ処理費用（⑥式）

と表される。
⑥式よりわかるように、現世代のごみ排出量を1単位増やすと、家計の効用が増加するが、そのいっぽうでごみ処理費用が増加するので、現世代の社会的利益の増加は、家計の効用増加

からごみ処理費用増加を引いたものになる。したがって、

**現世代の利益の増加＝現世代の家計の効用の増加－現世代のごみ処理費用の増加**（⑦式）

となる。ここで、1単位のごみ排出量増加による効用の増加は限界効用を意味し、1単位のごみ排出量増加によるごみ処理費用の増加はごみ処理限界費用を意味している。また、1単位のごみ排出量増加による現世代の社会的利益の増加を現世代の限界利益[※2]と呼ぶと、⑦式は、「現世代の限界利益＝現世代の家計の限界効用－現世代のごみ処理限界費用」と書き直すことができる。

同様にして、将来世代のごみ排出量を1単位増加させることによって生じる将来世代の社会的利益の増加を将来世代の限界利益と呼ぶと、「将来世代の限界利益＝将来世代の家計の限界効用－将来世代のごみ処理限界費用」となる。

次に、図4－2において、現世代のごみ排出量が$O_pX_3$、将来世代のごみ排出量が$O_fX_3$であるときの、現世代および将来世代の限界利益について考えてみよう。

需要曲線は限界効用曲線を意味するから、現世代のごみ排出量が$O_pX_3$であるとき、現世代の家計の限界効用は0、現世代のごみ処理限界費用は$EX_3$となる。このため、現世代の限界利益はマイナス$EX_3$となる。

したがって、現世代のごみ排出量を1単位増加させることによって、現世代の社会的利益が$EX_3$だけ減少する。これは、ごみ排出量を増加させても効用は増加しない（限界効用が0であ

るということ）いっぽうで、ごみ処理費用がEX$_3$だけ増加するからである。このことは、現世代のごみ排出量を1単位減らせば、家計の効用は減少しない（限界効用が0であるということ）が、ごみ処理費用はEX$_3$だけ減少するので、現世代の利益はEX$_3$だけ増加すると解釈することもできる。

同様にして、将来世代のごみ排出量が$O_f$X$_3$であるとき、将来世代の家計の限界効用はFX$_3$、将来世代のごみ処理限界費用はEX$_3$である。したがって、将来世代の限界利益はFEとなる。このことは、将来世代のごみ排出量を1単位増加させることによって、ごみ処理費用がEX$_3$だけ増加するが、家計の効用がFX$_3$だけ増加するので、将来世代の利益がFEだけ増加することを意味している。

以上から、現世代のごみ排出量が$O_p$X$_3$であり、将来世代のごみ排出量が$O_f$X$_3$であるとき、現世代のごみ排出量を1単位減らし、その分、将来世代の排出量を増加させると、両世代の社会的利益は、それぞれ、EX$_3$、FEだけ増加するので、全世代の社会的利益はFX$_3$だけ増加する。このことは、ごみ処理手数料が無料の場合には、現世代のごみ排出量が過大になり、将来世代のごみ排出量が過小になっていることを意味する。なぜなら、全世代の社会的利益をさらに増加させるためには、現世代のごみ排出量を減らし、将来世代のごみ排出量を増やすことで全世代の社会的利益を増やすことができるからである。このようにして、ごみ処理手数料が無料であるときには全世代の社会的利益を最大にすることができない。

## 世代間の最適なごみ処分場利用の条件と各世代の最適なごみ排出量――全世代の社会的利益最大化

全世代の社会的利益を最大にするためには現世代のごみ排出量をどこまで減らし、将来世代のごみ排出量をどこまで増やせばよいだろうか？

まず、図4－2において、現世代の排出量が$O_pX_0$、将来世代のそれが$O_fX_0$である場合、全世代の社会的利益が最大になるかどうかについて考えよう。

このとき、現世代の限界利益（現世代の家計の限界効用－現世代のごみ処理限界費用）は、LM（＝$LX_0$－$MX_0$）となり、将来世代の限界利益（将来世代の家計の限界効用－将来世代のごみ処理限界費用）は、NM（＝$NX_0$－$MX_0$）となる。図からわかるように、現世代の限界利益は将来世代の限界利益をLNだけ上回っている。

ここで、限界利益は、ごみ排出量を1単位増加させることによって生じる世代の社会的利益の増加を意味しているが、同時に、ごみ排出量を1単位減少させることによって生じる世代の社会的利益の減少を意味している。したがって、現世代のごみ排出量を1単位増やし、その分、将来世代のごみ排出量を減らした場合、現世代の利益の増加（現世代の限界利益）が将来世代の利益の減少（将来世代の限界利益）をLN（＝LM－NM）だけ上回る。この結果、全世代の社会的利益をLNだけ増加させることができる。

このように、一般に、現世代の限界利益が将来世代の限界利益を上回る場合（すなわち、図

4－2において、現世代の排出量が$O_pX^*$より少なく、将来世代の排出量が$O_fX^*$より多い場合）には、将来世代のごみ排出量を減らし、その分だけ現世代のごみ排出量を増やせば、現世代の利益の増加が将来世代の利益の減少を上回るので、全世代の社会的利益は増加する。

次に、将来世代の限界利益が現世代の限界利益を上回る場合について考えてみよう。たとえば、図4－2において現世代の排出量が$O_pX_1$、将来世代のそれが$O_fX_1$である場合、現世代の限界利益は、TS（＝$TX_1$－$SX_1$）、将来世代の限界利益は、RS（＝$RX_1$－$SX_1$）となり、将来世代の限界利益は現世代の限界利益を上回っている。

今、現世代のごみ排出量を1単位減少させ、その分だけ将来世代のごみ排出量を増加させれば、現世代の利益は減少し、将来世代の利益は増加する。このとき、将来世代の利益の増加（将来世代の限界利益）が現世代の利益の減少（現世代の限界利益）をRT（＝RS－TS）だけ上回るので、現世代のごみ排出量を1単位減らし、その分将来世代のごみ排出量を増やすことによって、全世代の社会的利益をRTだけ増加させることができる。

このように、一般に、将来世代の限界利益が現世代の限界利益を上回る場合（すなわち、図4－2において、現世代の排出量が$O_pX^*$より多く、将来世代のそれが$O_fX^*$より少ない場合）には、現世代のごみ排出量を減らし、その分だけ将来世代のごみ排出量を増やせば、将来世代の利益の増加が現世代の利益の減少を上回るので、全世代の社会的利益は増加する。

以上の説明から、現世代の排出量が$O_pX^*$、将来世代のそれが$O_fX^*$であるときに、全世代の社会的利益は最大になるのである。一般に、現世代の限界利益と将来世代の限界利益が等しくなるような水準に現世代と将来世代のごみ排出量を決めることが、全世代の社会的利益を最大にするための条件となる。

最後に、現世代の排出量が$O_pX^*$、将来世代のそれが$O_fX^*$であるときの全世代の社会的利益を求めておこう。

現世代の社会的利益（現世代の家計の効用－現世代のごみ処理費用）

＝四角形$O_pABX^*$－四角形$O_pHKX^*$＝四角形ABKH（⑧式）

であり、

将来世代の社会的利益（将来世代の家計の効用－将来世代のごみ処理費用）

＝四角形$O_fX^*BG$－四角形$O_fX^*KI$＝四角形GIKB（⑨式）

である。したがって、

全世代の社会的利益（現世代の社会的利益＋将来世代の社会的利益）

＝四角形ABKH＋四角形GIKB（⑩式）

となる。

⑤、⑩式をくらべるとわかるように、ごみ処理手数料を無料にするということは、現世代のごみ排出量を過大にし、将来世代のそれを過小にすることにより、社会的利益を三角形$X_3BF$だけ減少させることがわかる。

## 最適なごみ処理手数料と世代間の最適な最終処分場利用（ごみ排出量）の達成

ごみ処理手数料を有料化したとしても、それが定額制であるならば、第I節の説明と同様に、このような有料化は手数料が無料の場合と同じく、全世代の社会的利益を最大にしない。現世代のごみ排出量を最適な水準に抑制するためには、従量制によるごみ処理手数料有料化が必要となる。

では、全世代の社会的利益を最大にするために、自治体はどのような水準にごみ処理手数料を設定すればよいだろうか？

先に説明したように、全世代の社会的利益を最大にするための条件は、現世代の限界利益と将来世代の限界利益が等しくなるように現世代と将来世代のごみ排出量を決定することである。図４－２から明らかなように、現世代と将来世代のごみ処理サービス需要曲線が交わる点Bにおいて、現世代の限界利益と将来世代の限界利益が等しくなっている。したがって、ごみ処理手数料を$P^*$に設定することによって、現世代と将来世代のごみ排出量を全世代の社会的利益を最大にする水準に誘導することができる。なぜなら、現世代および将来世代のごみ処理手数料を$P^*$に設定すると、現世代のごみ排出量は$O_pX^*$となる。このとき、将来世代のために残されたごみ処分場容量（ごみ排出可能量）は$O_fX^*$となり、$P^*$において将来世代が排出したいと考えているごみ排出量に一致するからである。

では、第Ⅰ節で得られた結論とここで得られた結論を比較してみよう。第Ⅰ節では、ごみ排出1単位あたりのごみ処理手数料の水準をごみ処理限界費用の水準に設定することによって、社会的利益を最大にすることができた。しかし、将来世代の存在を考慮する場合には、$P^*$が全世代の社会的利益を最大にするごみ処理手数料であり、ごみ処理限界費用$P_1$を上回っていることがわかる。

ごみ処理手数料をごみ処理限界費用と等しい水準に設定した場合、すなわち、ごみ処理手数料を$P_1$に設定した場合、図からわかるように、現世代は$O_pX_2$だけごみを排出する。このとき、将来世代が排出したいと考えるごみの量は$O_fX_5$である。しかし、最終処分場ごみ排出可能量は$\bar{X}$であるから、将来世代に残されたごみ排出可能量、及び、将来世代のごみ排出量は$O_fX_2$となる。このように、ごみ処理手数料を限界費用に等しくなるように設定すると、$P^*$よりも低くなるために、現世代のごみ排出量は過剰になり、将来世代のごみ排出量が過小になる。

このとき、現世代の家計の効用は四角形$O_pACX_2$、将来世代の家計の効用は四角形$O_fX_2JG$、であり、現世代のごみ処理費用は四角形$O_pHCX_2$、将来世代のごみ処理費用は四角形$O_fX_2CI$であるので、現世代の社会的利益は、

**現世代の社会的利益**（現世代の家計の効用－現世代のごみ処理費用）＝三角形ＡＣＨ　（⑪式）

となり、将来世代の社会的利益は、

**将来世代の社会的利益**（将来世代の家計の効用－将来世代のごみ処理費用）

＝四角形ＧＩＣＪ（⑫式）

となる。この結果、全世代の社会的利益は、

全世代の社会的利益（現世代の社会的利益＋将来世代の社会的利益）

＝三角形ＡＣＨ＋四角形ＧＩＣＪ（⑬式）

となり、⑧式からわかるように、ごみ処理手数料を$P_1$に設定すると、ごみ処理手数料を$P^*$に設定した場合と比較して、三角形ＢＪＣだけ全世代の社会的利益が小さくなる。

### 将来世代の存在と望ましい廃棄物管理政策のあり方

⑧〜⑩式と⑪〜⑬式を比較することにより、将来世代の存在を考慮した場合、望ましい廃棄物管理政策のあり方を検討するうえで重要なポイントを整理しよう。

第一に、全世代の社会的利益を最大にするような最適なごみ処理手数料は、ごみ処理限界費用に将来世代の利益（すなわち、将来世代の限界利益）を反映させたものでなければならない。したがって、ごみ処理限界費用よりも高い処理手数料を徴収する必要がある。

第二に、最適なごみ処理手数料はごみ処理限界費用より高いので、各世代の自治体のごみ処理手数料収入は各世代の自治体のごみ処理費用を上回り、ごみ処理事業に関する両世代の自治体の収支は黒字になる可能性がある。

このことは、ごみ処理費用の全額をごみ処理手数料によってちょうどまかなう（ごみ処理事

業の収支が均衡する）ことを目的としてごみ処理手数料従量制による有料化を実施することは、全世代の社会的利益を最大にするという観点からは不充分な政策であることを示している。なぜなら、ごみ処理事業に関する収支を均衡させるようにごみ処理手数料を設定すると、ごみ処理手数料が最適なごみ処理手数料P*より低くなる。この結果、現世代のごみ排出量が過剰になるいっぽうで、将来世代のごみ排出量が過小になり、全世代の社会的利益が最大にならないからである。

ごみ処理事業の収支が、むしろ黒字になるほどに手数料を引き上げ、現世代のごみ排出量を抑制することが全世代の社会的利益を最大にするという観点からは重要である。厚生労働省によると、2020年度における全国のごみ処理事業経費は2兆1290億円であった。これを同年度のごみ総排出量4167万トンで割った1トンあたりの全国平均のごみ処理経費は、約5万1000円（51円／キログラム）となる。ごみの比重を0・2とすると、40リットル入りごみ袋1枚あたりの重量は8キログラムになるから、ごみ袋1枚あたりのごみ処理費用は全国平均で、408円（51円／キログラム×8キログラム）となる。これは、平均費用であるため、40リットルの袋で408円以下の価格設定では、自治体の収支は赤字になる可能性がある。このため、これまでの議論から類推すると、ごみ袋1枚あたり、408円以上の価格が、望ましいと推察される。しかし、環境省の調査[※3]によると、調査対象となった自治体について、大袋30～50リットルの料金水準は、30～50円台の市町村が多く、最も高い市町村でも80～89円となっている。また、ごみ袋1リットルあたりの全国の平均単価は、1・11円であるため、40～45リットルの大袋1枚あたりの価格は、約44～50円となる。このことから、多くの市町村で設定されているごみ処理手数料は、社会的利益の最大化という観点から望ましい水準を大きく下回っているものと推察される。

第三に、最適なごみ処理手数料を設定することによってごみ処理事業が黒字になった場合には、住民税を減税することによって黒字分を住民に還付すればよい。このとき注意すべきは、あくまでも、自治体の黒字を解消するためにごみ処理手数料を引き下げるのではなく、住民税減税など他の税制を利用した還付が望ましいことである。なぜなら、ごみ処理手数料を引き下げると、その分現世代のごみ排出量が増加し、将来世代が排出可能なごみの量が減少するからである。

第四に、ごみ処理手数料をごみ処理限界費用より高く設定することにより、現世代の利益は減少し、将来世代の利益は増加する。このとき、将来世代の利益の増加が現世代の利益の減少を上回るため、社会的利益は増加する。このように、現世代の利益を犠牲にしつつ、将来世代の利益を拡大させる必要があるのは、現世代の相対的に小さい利益のために、将来世代の相対的に大きな利益を犠牲にしているからである。

## ごみ処分場の世代間の最適利用達成と市場メカニズム活用の可能性

これまでの分析で、現世代の限界利益と将来世代の限界利益が等しくなるようにごみ処理手数料を設定することが、全世代の社会的利益を最大にし、世代間でごみ処分場を最適に利用するために必要であることがわかった。

このとき、実際にこのようにごみ処理手数料を設定するためには、自治体は、現世代や将来世代のごみ処理サービス需要曲線が正確にどこに位置しているかを知っている必要がある。なぜなら、全世代の社会的利益を最大にするためには、図4－2に示すように、現世代の需要曲線と将来世代の需要曲線の交点に対応するようにごみ処理手数料を設定する必要があるからである。

現実には、現世代や将来世代のごみ処理サービス需要曲線の位置を知るためには、自治体は、現世代および将来世代の需要曲線を予測したうえで、ごみ処理手数料を設定する必要がある。しかし、需要曲線の位置を正確に知ることは困難である。

全世代の社会的利益を最大にするように、世代間でごみ処分場を最適に利用するための方法として検討に値すると考えられるのは、市場メカニズムを使うことである。

すなわち、現在のように、自治体がごみ処理事業を行うという方法ではなく、民間のごみ処理事業者に完全にごみ処理をまかせるという方法を実施するということである。この方法のもとでは、ごみの排出者（家計や事業系のごみを排出する企業）と民間のごみ処理業者が自由な契約を結び、排出者はごみ処理サービスを受ける代わりに、民間のごみ処理業者にごみ処理手数料を支払うのである。このようにごみ処理に関して、市場メカニズムを導入することは次のようなメリットがある。

第一に、民間業者は、将来と現在のごみ排出需要を考慮しながら、現世代と将来世代のごみ処理量を決定しようとするだろう。たとえば、将来、ごみ排出需要が大きくなり、将来のごみ排出に対して高いごみ処理手数料を課すことができると予想するならば、現在のごみ処理量を減らし、その分将来のごみ処理のために処分場を残しておこうとするだろう。なぜなら、そのほうが、現在と将来の民間業者にとっての利益が大きくなるからである。

将来のごみ排出需要が大きいということは、ごみ排出によって生じる将来世代の利益が大きいということを意味している。したがって民間業者が利益を追求して行動するかぎり、相対的にごみ排出の利益の小さい世代のごみ排出量を減らし、ごみ排出の利益が相対的に大きい世代のごみ排出量を増加させるであろう。すなわち、民間業者は現在と将来から得られる利潤を最大にするように行動することにより、将来世代の代理人としての機能を知らず知らずのうちに果たし、結果的に全世代の社会的利益の最大化に貢献するのである。

このように、ごみ処理事業に関する市場メカニズムの導入は、社会的に望ましい結果をもたらすものと期待される。

第二に、ごみ処理に関して競争原理をもちこむことにより、ごみ処理費用を低下させることができる。

第三に、民間業者の場合、自治体などの政府と異なり、弾力的にごみ処理手数料を変動させることができる。たとえば、好景気によって、ごみ排出量が増加し、ごみ処理サービスに対する需要が増加する局面では、ごみ処理手数料が上昇するだろう。このことは、ごみ排出量を減らすインセンティブを与え、将来世代のごみ排出可能量が減少するのを防ぐ。このように、需要曲線に応じた柔軟なごみ処理手数料の変動は、世代間の最適なごみ処分場利用を促進することに役立つ。

これに対して、「民間のごみ処理業者が将来世代のごみ排出需要を正確に予測することは困難であり、場合によっては、誤った判断をする可能性があるため、民間業者にまかせることはできない」というような異論を唱える人がいるかもしれない。

将来世代のごみ排出需要の予測がはずれてしまい、結果として、世代間の処分場利用の配分を誤るという可能性は存在する。しかし、この可能性は、政府が世代間の処分場利用を決める場合にもあてはまる。政府が民間業者にくらべ、よりすぐれた意思決定を下すことができる保証がないかぎりは、民間業者にまかせても、政府にまかせても解消することのできない問題である。ましてや、政府の意思決定が、さまざまな政治的な背景、圧力団体の存在などによって歪《ゆが》められてきた事例が多いことを考えると、政府の意思決定にまかせるよりは、各民間業者の自発的な意思決定・取引にまかせるほうが相対的に望ましい結果をもたらす可能性が高いと考えられる。

ただし、この場合には、政府はごみ処理事業に代わって、次のような役割を担う必要がある。第一に、不法投棄を抑制する対策をとる。すなわち、不法投棄の監視を強めるとともに、不法投棄に対する罰則を強める。第二に、民間業者の処分場において環境汚染が生じないように対策を実施する。

ごみ処理に対して民間活力を導入すると、事業者が利潤動機に走り、環境保全が軽視されるため、市場メカニズムを利用することに対して疑念を抱く人は多いかもしれない。しかし、利潤動機をもたない政府（あるいは公的機関）にまかせたからといって、充分に環境が保全されるとは限らない。環境汚染や不法投棄に対して充分な対策を実施することによって、民間業者やごみ排出者に環境汚染や不法投棄を抑制するようなインセンティブを与えれば、環境保全や不法投棄の問題を回避しつつ、先に説明したように市場メカニズムの利点を生かすことができるのではなかろうか。

ごみ処理には、処分場不足の問題だけでなく、環境汚染の問題や不法投棄の問題などさまざまな問題が関連しているため、ごみ処理事業を政府から民間へ移行させることは容易なことではない。しかし、ごみ問題を将来にわたって深刻化させないためにも、ごみ処理事業の分野においても市場メカニズムの導入可能性について検討することは、決して意味のないことではないと思われる。

※1　割引率とは、現在の価値と将来の価値の交換比率のこと。割引率を用いることにより、将来の価値を現在の価値に変換することができる。たとえば、割引率が年率10%であるならば、1年後受け取る110万円の価値は現在100万円（＝110÷（1＋0・1））を受け取ることと等価となる。このように将来の価値を現在の価値に変換する場合には、将来の価値を割引率で割り引くことによって求めることができる。割引率が0であるということは、現在の100万円と将来の100万円が等価であるということを意味している。

※2　限界利益は、ごみ排出量を1単位減少させた場合には、それによる利益の減少を意味することに注意する必要がある。

※3　環境省（2022）「一般廃棄物処理有料化の手引き（令和4年3月）」図表3－2－1および3－2－3を参照。

# 第2部　日本の環境問題と環境政策

# 第5章　廃棄物問題の現状と廃棄物政策

わたしたちは、日々、さまざまな財やサービスを消費し、それによって満足を得ている。しかし、そのいっぽうで、直接的あるいは間接的にさまざまな廃棄物を排出している。たとえば、家で食事をすると、料理を作る過程でさまざまな生ごみが発生する。外食をした場合には、レストランの厨房《ちゅうぼう》で料理が作られる過程で、さまざまな生ごみが発生している。自宅で食事をしようと外食しようと、直接的に自分たちがごみを発生させるか、間接的に発生させるかの違いがあるだけで、わたしたちの食生活がごみ発生の要因となっていることに違いはない。

わたしたちが、家を新築したり、新築されたマンションを購入する場合はどうだろうか。家やマンションを建設する過程で、建築廃材やさまざまな廃棄物が発生する。これらは、産業廃棄物の一種である。産業廃棄物というと、それを直接排出している企業関係者でないかぎり、

自分は産業廃棄物の排出にかかわっていないと考える人は多いかもしれない。しかし、家やマンションはわたしたち家計の需要を満たすために建設されたものであるから、これらの産業廃棄物が発生する根本の原因はわたしたちの消費にあるといえる。

いっぽう、消費や生産は二つの希少な資源によって支えられている。一つは生産の原材料となる天然資源、もう一つは消費や生産の後に発生する廃棄物の処分に必要な最終処分場である。多くの住民は、自分の住んでいる地域の近くに最終処分場が立地することを好まないために、最終処分場を新しく建設することは容易ではない。このため、最終処分場も、天然資源と同様希少な資源として理解できるであろう。

資源が有限である場合、将来世代を考慮し

て、より資源を長く利用するために、廃棄物の再利用を推進することは重要な政策課題となっている。このため、国や自治体ではさまざまな廃棄物対策を実施してきた。本章では、廃棄物対策の中心的な役割を担うリサイクル関連の政策に焦点を当て、その仕組みについて解説をし、現在、新たな問題として重要な課題となっているマイクロプラスチック問題について解説する。最後に、廃棄物対策を進めるうえで重要な不法投棄対策のあり方について議論する。

## I　リサイクル法（自動車、家電、食品、容器包装など）

現在、日本では、リサイクルを促進するためにさまざまな法律が整備されている。以下では、**容器包装リサイクル法、家電リサイクル法、小型家電リサイクル法、自動車リサイクル法、建設リサイクル法、食品リサイクル法**について解説し、その課題について議論する。

### 容器包装リサイクル法（容器包装に係る分別収集及び再商品化の促進等に関する法律）

環境省「容器包装廃棄物の使用・排出実態調査（令和3年度）[※1]」によると、家庭から排出されるごみの重量の28・5%、容積の66%が容器包装廃棄物（紙類、プラスチック類、ガラス類、金属類など）である。従来から、ごみに占める容器包装の割合が高かったため、ごみ排出量削減とリサイクル促進のために、容器包装リサイクル法が1995年6月に制定され、1997年に一部施行（びん、缶、ペットボトルなどを対象）、2000年に完全施行（紙製容器包装、プラスチック製容器包装も追加）された。

現在対象となっている容器包装は、ガラスびん、紙製容器包装、ペットボトル、プラスチック製容器包装であり、[※2] これらはガラスびん原料、土木材料、土木建築資材、プラス板、パレット、日用雑貨やコークス炉ガス、化学原料などに再利用されている。

この制度の下では、消費者は分別して排出する責務をもち、市町村がそれを収集し、容器生産を行う事業者や容器包装を利用して商品を販売する事業者（たとえば、飲料メーカーなど）がそれをリサイクルするという責務を負っている。事業者は、みずからが再商品化を行うか、容器包装リサイクル法にもとづいて設立された指定法人（公益財団法人日本容器包装リサイクル協会）にリサイクルを委託し、その費用を負担することで、みずからの責務を果たしたものとみなされる。指定法人は、みずからが再商品化を行うのではなく、入札によって再商品化事業者を選定し、その業者と委託契約を結ぶことで再商品化を行っている。

なお、再商品化義務を負っているにもかかわらず、再商品化義務を果たしていない、あるいは、過少申告している「ただ乗り事業者」に対処するために、現在では、罰則規定が設けられ、たとえば、再商品化義務を履行しない場合、100万円以下の罰金が科される。しかし、消費者が容器包装をリサイクルするかどうかという意思決定については、消費者の良識に委ねられており、消費者にリサイクルを推進するインセンティブを与えるような制度にはなっていない。

ビールびんの回収においては、ビールびん保証金制度がビール酒造組合の自主的な取り組みによって実施されている。この制度では、リターナルびん商品の販売時に、5円を保証金として上乗せして販売し、空きびんを販売店に返却することで5円が返却されている。[※3] したがって、今後、より高い回収率を目指す必要がある場合には、ビールびんで行っているようなデポジット（預託金）制度の導入を検討する価値があるかもしれない。

なお、ビール酒造組合がこのような取り組みを行うのは、新しい資源からビールびんを製造するよりは、びんを再利用したほうが費用が安くなることに起因する。製品によっては、リサイクルが企業のビジネスにとって利益をもたらす場合には、政策的な介入がなくても、市場取引のなかでリサイクルが推進される。しかし、リサイクルをすることによってむしろ費用が大きくなる場合には、企業が自主的にリサイクルに取り組むことは困難なため、政府による政策の実施が必要となる。

### 家電リサイクル法（特定家庭用機器再商品化法[※4]）

以前は、一般家庭から排出される廃家電製品の多くは、鉄、アルミ、ガラスなどの有用な資源が多く含まれているにもかかわらず、破砕処理の後に、鉄などの一部の金属が回収されるのみで、多くがそのまま埋め立て処分されていた。このため、有用な資源のリサイクルを推進するために、2001年4月に家電リサイクル法が施行された。この法律では、家庭用エアコン、

表5－1　再商品化等の量に関する基準

| | 再商品化等* | 再商品化 |
|---|---|---|
| エアコンディショナー | 80%以上 | 80%以上 |
| テレビジョン受信機（ブラウン管式） | 55%以上 | 55%以上 |
| テレビジョン受信機（液晶式・プラズマ式） | 74%以上 | 74%以上 |
| 電気冷蔵庫・電気冷凍庫 | 70%以上 | 70%以上 |
| 電気洗濯機・衣類乾燥機 | 82%以上 | 82%以上 |

*「再商品化等」とは、再商品化と熱回収の合計を指す。
資料：環境省「家電リサイクル法Q&A」

テレビ、電気冷蔵庫・冷凍庫、電気洗濯機・衣類乾燥機の家電4品目について、小売業者には廃棄家電の引き取り義務を[※5]、製造業者および輸入業者には再商品化[※6]あるいは熱回収[※7]によるリサイクル義務を、消費者には収集・運搬料金とリサイクル料金の負担を課している。また、フロン類を使用している家庭用エアコン、電気冷蔵庫・冷凍庫、電気洗濯機・ヒートポンプ式の衣類乾燥機については、使用されているフロンの回収が義務付けられている。

なお、製造業者・輸入業者の毎年度のリサイクル義務については、製造業者等が再商品化等（再商品化と熱回収の合計）を行った廃棄物の総重量と、再商品化等により得られた部品あるいは原材料等の総重量との比率が、表5－1のように、「再商品化等の量に関する基準」として、政令で定められている。

リサイクル料金は、対象となる家電の種類と、メーカーおよび大きさなどによって異なる料金が設定されており、2022年4月における料金は表5－2に示すとおりである。

収集・運搬料金については、地域や小売業者で異なる。「家電リサイクル法の収集・運搬料金に関する実態調査[※8]」によると、上

表５－２　リサイクル料金

| | リサイクル料金（税込） |
|---|---|
| エアコンディショナー | 990 ～ 2,000円 |
| テレビ（ブラウン管式、15型以下） | 1,320 ～ 3,100円 |
| テレビ（ブラウン管式、16型以上） | 2,420 ～ 3,700円 |
| テレビ（液晶・プラズマ式、15V型以下） | 1,870 ～ 3,100円 |
| テレビ（液晶・プラズマ式、16V型以上） | 2,970 ～ 3,700円 |
| 冷蔵庫・冷凍庫　（170リットル以下） | 3,740 ～ 5,599円 |
| 冷蔵庫・冷凍庫　（171リットル以上） | 4,730 ～ 6,149円 |
| 洗濯機・衣類乾燥機 | 2,530 ～ 3,300円 |

資料：一般財団法人家電製品協会「リサイクル料金一覧表」より作成。2022年4月現在

記の家電製品の収集・運搬料金は、量販店では、買い替え時に古い家電を処理する場合、平均６４４～６８８円、最大金額でも１０５０～１５００円、回収のみの場合、平均２３１９～２４５８円、最大金額で４２００円であった。いっぽう、地域小売店では、買い替え時には、平均２０２６～２６３２円、最大金額で２万９２１５～４万２０００円だが、回収のみの場合、平均で２４５１～３０８６円、最大金額で１万５０００～２万３９２５円であった。このことから、量販店が立地する都市部では、収集・運搬料金の費用負担は相対的に小さいものの、地方では大きくなっている。

　リサイクル料金および収集・運搬料金を合わせた消費者の費用負担は小さくないため、費用負担を回避するために、**不法投棄**を行う消費者が存在する。２０２０年度の廃家電４品目の不法投棄の回収台数※9は、エアコン１万２２０７台、テレビ３万１８２７台、冷蔵庫・冷凍庫１万１７２４台、洗濯機・衣類乾燥機８４３７台となっており、合計で５万３１９５台の廃家電の不法投棄が発見されている。この対策として、自治

体は、巡回監視・パトロール、ポスターや看板などを利用した普及啓発、監視カメラの設置などの対策を取っており、2002年度（16万4678台）と比較して、68％程度減少し、一定の効果を発揮している。

## 不法投棄を防ぐ方法はないか？

リサイクル料金および収集・運搬料金の支払いに対して、現在の制度設計を変更し、デポジット制度の仕組みを活用した設計を行うことで、不法投棄のインセンティブを大幅に減らすことができる。具体的には、たとえば大型冷蔵庫の場合、リサイクル費用の最大値が6149円、「家電リサイクル法の収集・運搬料金に関する実態調査」から、収集・運搬費用の平均値（地域小売店）が約2800円程度であることを考慮すると、購入時に、たとえば1万円を預託金として上乗せして販売し、将来それを廃棄する際に、1万円から実際のリサイクル費用と収集・運搬費用を差し引いた額を消費者に返却すれば、消費者にとっては、リサイクル・収集・運搬費用を負担した後であっても、最低でも1000円程度の金額が返却される。リサイクル料金が6149円より低く、また、収集・運搬費用が2800円より低ければ、返却される金額はさらに大きくなる。このため、消費者は不法投棄をするより、適切に小売店の店頭に返却しようとするであろう。この場合、収集・運搬費用が高いために、リサイクル費用との合計額が1万円を超える消費者の場合には、不足分を廃棄の際に支払う必要があるため、依然として不法投棄のインセンティブは残る。しかし、預託金の額を引き上げることで、不法投棄のインセンティブを弱めることができる。

### デポジット制度と消費者の利益

デポジット制度の導入を検討する場合、デポジットのために購入時の価格を引き上げると消費者の負担が重くなるため望ましくない、と主張する人がいる。はたしてその主張は正しいだろうか？　確かに購入時の価格が高くなることに対して負担感を感じる消費者もいるかもしれない。しかし、現在の制度の下では、購入時にリサイクル費用などの費用負担が発生しなくても、廃棄時（あるいは、買い替え時）に費用負担が発生するため、「いつ支払うか」という点が異なるだけである。預託金の場合に、預け期間（購入時から廃棄時までの期間）に応じて、預託金に対して利子を追加した額を、将来残金として返却するならば、費用負担の観点からは、いま支払うことと将来支払うことは同じになる。したがって、現在の制度と比較した場合、不法投棄をせずに適切に廃棄物をリサイクルする人であれば、デポジット制度の実施によって費用負担が大きくなることはない。一方、不法投棄をする人の場合には、現在の制度の下では、リサイクル費用の負担を免れるため得をするが、デポジット制度の下では、預託金が戻ってこないため損をする。デポジット制度の優れている点は、不法投棄をする消費者の負担のみが大きくなるため、不法投棄をする人に対して選択的にペナルティを与える仕組みになっており、不法投棄のインセンティブを弱める機能をもっていることにある。このように考えると、「デポジットのために購入時の価格を引き上げると消費者の負担が重くなるため望ましくない」と主張する人は、適切にリサイクルを行う人ではなく、不法投棄をしようとする人の利益を守ろうとする主張になっていることがわかる。

また、デポジット制度は、不法投棄を抑止できるため、不法投棄対策のために自治体が行っている巡回監視・パトロール、ポスターや看板などを利用した普及啓発、監視カメラの設置などの行政費用が不要になる点においても、現在の制度より優れている。

### 小型家電リサイクル法（使用済小型電子機器等の再資源化の促進に関する法律）

携帯電話、デジタルカメラ、ゲーム機器などの小型家電電子機器等には、レアメタル、レアアースなどの希少資源が多用されているが、従来、これらの機器の廃棄にともなって、希少資源も廃棄されていた。しかし、電子機器をリサイクルし、希少資源を活用したほうが社会的利益が大きい。そこで廃棄物の排出抑制、分別収集、リサイクルを推進するために、2013年4月1日に**小型家電リサイクル法**が施行された。小型家電のリサイクルは、家電リサイクル法とは異なり、回収・リサイクル対象品目や回収・リサイクルの方法について、全国で統一した方法ではなく、各自治体が独自に決定して実施するものとなっている。

具体的な取り組みとしては、自治体の関連施設や家電販売店などで回収ボックスを設置することで回収する自治体もある。また、リサイクル料金は、自治体独自で設定できるが、無料としている自治体もある。このような状況のため、現状では、消費者や関係する事業者による自発的な取り組みに支えられている。

将来さまざまな小型家電の廃棄において、希少資源を回収するためにリサイクルが重要な役割を果たすと考えられる。このため、デポジット制度を積極的に活用することで資源を回収する仕組みを作ることが重要となると考えられる。

**自動車リサイクル法（使用済自動車の再資源化等に関する法律）**

使用済み自動車に含まれる有用金属は、従来、解体業者によって売買され、リサイクル・処理が行われていた。処理の際に発生するシュレッダーダスト（自動車を解体し、有用な部品・材料、鉄スクラップや非鉄金属スクラップを回収したのちに残るプラスチック、ガラス、ゴムなどの廃棄物）は、法律施行以前は、埋め立て処分されていたが、最終処分費用の高騰、鉄スクラップ価格の低迷から、廃車の際に車の所有者が負担する廃車費用が高くなり、不法投棄や不適正処理の一因となっていた。また、産業廃棄物最終処分場の逼迫《ひっぱく》からシュレッダーダストのリサイクルや減量化が必要となり、2002年に**自動車リサイクル法**が制定され、2005年1月から完全施行されている。

自動車リサイクル法は、自動車のシュレッダーダスト、エアコンのフロンガス、エアバッグの引き取りといった適切な処理をメーカーおよび輸入業者に義務付けることを目的としている。この法律の下では、自動車購入者は、新車購入時に、リサイクル料金として預託金を自動車リサイクル促進センターに預け、代わりにリサイクル券を受け取り、廃車の際にリサイクル券を廃車業者に渡すことで処理を依頼する仕組みとなっている。リサイクル料金は、国から指定を受けた資金管理法人（公益財団法人自動車リサイクル促進センター）が管理をし、廃車時にリサイクル料金を支払う。なお、使用していた自動車を廃車にせず、中古車として売却する場合には、リサイクル券を次の所有者に引き継ぐことができる。

リサイクル料金は、シュレッダーダスト、エアバッグ、フロン類の処理費用などから構成されており、自動車メーカー、車種、エアバッグ等の有無によって異なり、一般の車両で６０００～１万８０００円となっている。[※10] 法律施行以前に、埋め立て処分されていたシュレッダーダストは、法律施行後、溶融スラグや有用ガス等にリサイクルされ、燃焼することで発生するエネルギーは熱回収されている。

上記の取り組みの結果、２０１１年度実績[※11]で、シュレッダーダストの再資源化率は92～94%、エアバッグ類の再資源化率は92～１００%となっており、ほぼすべてが再資源化されている。また、全国の自動車の不法投棄・不適正保管車両台数は、２００３年9月末で２１８３５９台だったが、自動車リサイクル法施行以降急激に減少し、２０２２年3月末で５２８１台となっている。これは、「家電リサイクル法」の項で議論したデポジット制度のアイデアを応用して制度設計し、廃棄時の費用負担を減らすことで、不法投棄のインセンティブを大幅に弱められたからである。

**建設リサイクル法**（建設工事に係る資材の再資源化等に関する法律）

**建設リサイクル法**は、産業廃棄物排出量の増加にともなう最終処分場の逼迫問題と廃棄物の不適正処理の問題を解決していくために、2000年5月に制定された。環境省[※12]によると、当時、建設廃棄物（コンクリート塊、アスファルト・コンクリート塊、建設発生木材など）は産業廃棄物総排出量および最終処分量（中間処理・リサイクル等を経て減量化され、最終処分場に埋め立てられる量）の約20%を占めており、また、不法投棄される廃棄物の約60%を占めていた。そこで、この法律の下では、一定規模以上の建設工事を対象に、その受注者に対して、廃棄物の分別解体等、再資源化を義務付けている。具体的には、床面積80㎡以上の建築物の解体工事、床面積500㎡以上の建築物の新築または増築工事、請負代金が1億円以上の建築物の修繕・模様替え等工事、500万円以上の工作物の解体あるいは新築工事（建築物以外）を対象にしている。

図5－1に示すように、建築物には、さまざまな有害物質が含まれている。このため、リサイクルに加え、これらの有害物質が適切に処理されることが廃棄物処理にともなって生じる汚染のリスクを減らすためにも重要となる。

図5－1　木造建築物と有害物質

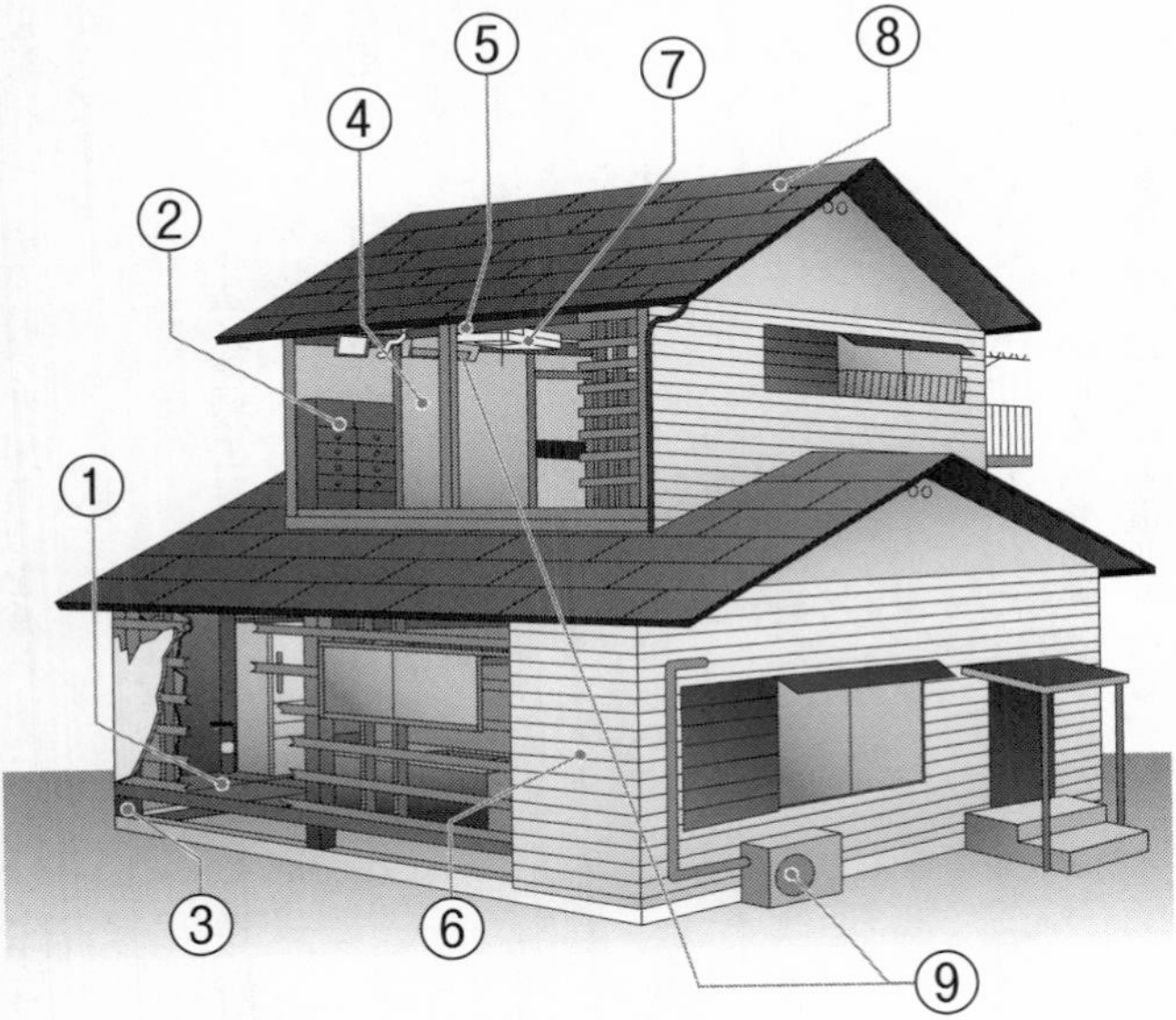


| | |
|---|---|
| ①非飛散性アスベスト<br>石綿スレート、ビニール床タイル | ⑥非飛散性アスベスト<br>石綿板（窯業系サイディング） |
| ②残存物品<br>家具、家電製品、台所用品、生活用品等 | ⑦水銀<br>蛍光灯 |
| ③クロム・銅・砒素化合物<br>CCA処理木材（土台、浴室、台所） | ⑧非飛散性アスベスト<br>住宅化粧用スレート（屋根） |
| ④砒素・カドミウム<br>砒素・カドミウム含有石膏ボード | ⑨残存物品<br>特定家庭用機器（エアコン、テレビ、冷蔵庫等） |
| ⑤飛散性アスベスト<br>石綿含有バーミュライト吹付（軒裏、天井） | 資料：建設副産物リサイクル広報推進会議「建築物の解体等に伴う有害物質の適切な取扱い」を元に作成 |

**図５－２　品目別最終処分量の推移**

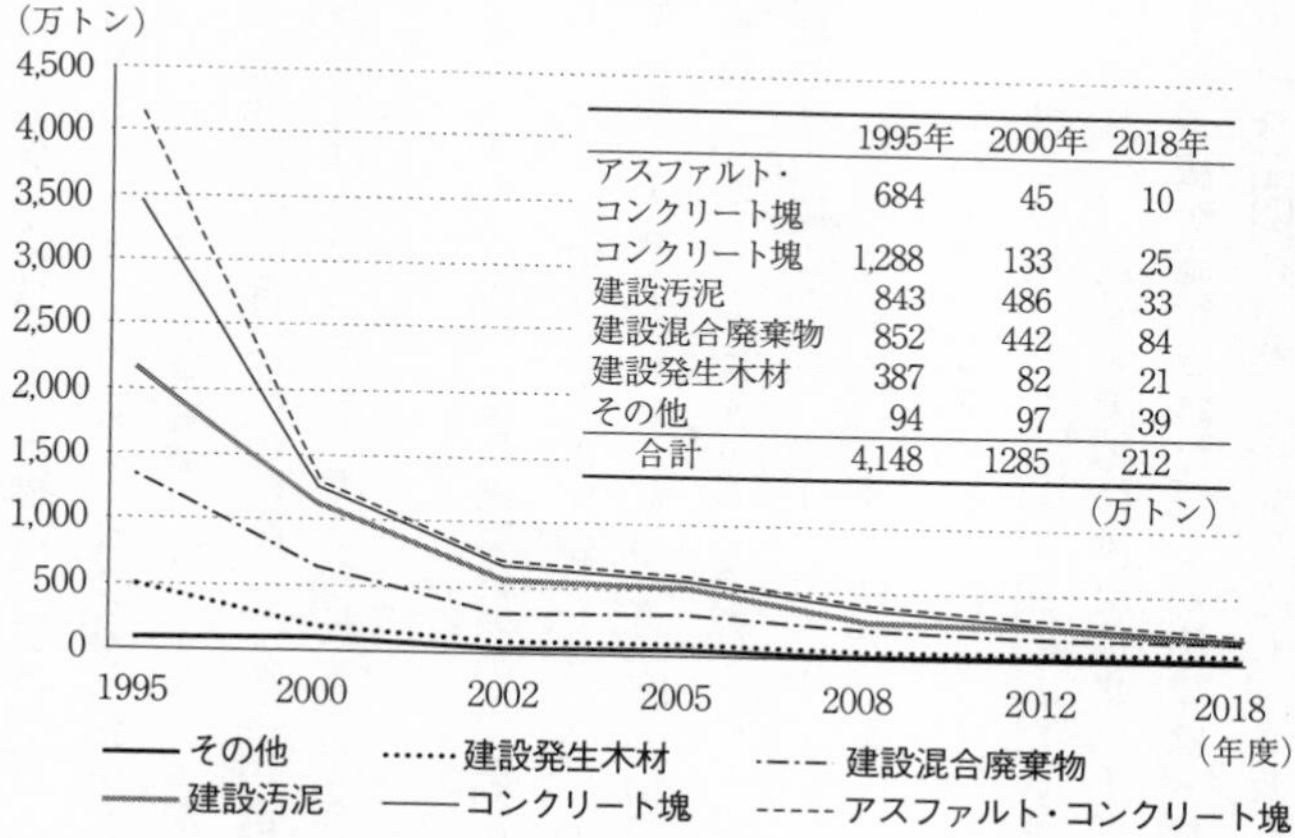


| | 1995年 | 2000年 | 2018年 |
|---|---|---|---|
| アスファルト・コンクリート塊 | 684 | 45 | 10 |
| コンクリート塊 | 1,288 | 133 | 25 |
| 建設汚泥 | 843 | 486 | 33 |
| 建設混合廃棄物 | 852 | 442 | 84 |
| 建設発生木材 | 387 | 82 | 21 |
| その他 | 94 | 97 | 39 |
| 合計 | 4,148 | 1285 | 212 |

（万トン）

資料：国土交通省「平成30年度 建設副産物実態調査結果〔参考資料〕」より作成

コンクリート塊は主に道路の路盤材としてリサイクルされ、アスファルト・コンクリート塊は路盤材や舗装材として活用され、建設発生木材は木材チップとなって、バイオ燃料や建設用ボードとして活用されている。このような取り組みの結果、２０１８年度には、建設廃棄物の再資源化・縮小率は97・２％、建設発生土有効利用率は79・８％となり、再資源化・縮小率は「建設リサイクル推進計画２０１４」の目標値（建設廃棄物再資源化・縮小率２０１８年度目標値は96％以上、建設発生土有効利用率は80％以上）を達成し、建設発生土についてもほぼ達成している。この結果、図５－２に示すように、建設廃材の最終処分量は、２１２万トン（２０１８年度）となり、建設リサイクル法制定直後（１２８５万トン（２０００年度））と比較して、83・５％程度減少している。

いっぽう、建設系廃棄物の不法投棄量は、建設リサイクル法制定前（1999年度）は、30万3997・8トン（全不法投棄量の70・2%）であったものが、2021年度において3万2196トン（全不法投棄量の87・4%）となり、89・4%減少している。全不法投棄に占める建設系廃棄物の割合は非常に高く、対策が重要だが、建設リサイクル法の施行による不法投棄の削減効果は有効であると考えられる。

**食品リサイクル法（食品循環資源の再生利用等の促進に関する法律）**

環境省の2018年度実績[※13]によると、日本では年間2531万トン（家庭系が766万トン、事業系が1765万トン）もの食品廃棄物が排出されており、そのうちフードロス（まだ食べられるにもかかわらず廃棄される食品）は600万トンにも上り、東京ドーム約5個分だという。農林水産省[※14]によると、フードロスの原因は、事業系フードロス、すなわち、スーパーマーケットやコンビニなどの小売店での売れ残りや返品、飲食店での食べ残し、売り物にならない規格外品から生じる廃棄物が約半分、もう一つは、家庭系フードロス、すなわち、家庭内での料理の食べ残しや購入したものが使われないまま廃棄される食品などとなっている。

このため、食品廃棄物の排出量やフードロスの削減を目的として、2001年5月に**食品リサイクル法**が施行された。この法律は、食品の製造・加工・卸売・小売業者、および飲食店業などの食品関連事業者を対象とし、これらの事業者および各業種全体で廃棄物の排出量の削減に取り組むことを求めている。具体的には、再生利用実施率（業種別に定められた各業種の目標）と基準実施率（個々の事業者が目指す目標）が定められている。

再生利用実施率とは、発生抑制量、再生利用量、減量量、0・95×（熱回収量）の合計を潜在的な発生量（実際の発生量＋発生抑制量）で割った比率で計算され、2024年度までの再生利用等実施率は、食品製造業、食品卸売業、食品小売業、外食産業で、それぞれ95%、75%、60%、50%の基準が設定されている。食品製造業、食品卸売業、食品小売業、外食産業の2008年度の再生利用等実施率はそれぞれ93%、59%、37%、13%であったが、2017年度のそれは、95%、67%、51%、32%、食品産業全体では84%となっており、当初、実施率の低かった食品小売業、外食産業において実施率が大きく上昇している。

食品廃棄物の年間発生量が100トン以上の事業者については、取り組みが著しく不充分な場合には、勧告・公表・命令が行われ、命令に違反した場合罰金が科されることになっているが、それ以外の事業者については、指導・助言どまりであり、個々の事業者の年間発生量を正確に把握することのむずかしさ、小規模事業者が多いことを考えると、実質的に事業者の自発的な行動を中心とした取り組みにならざるをえない状況にある。

このようななか、たとえば、大手のコンビニエンスストアやスーパーなどでは、消費期限の近い対象商品を電子マネーで購入した場合、ボーナスポイントを付与して商品の消費を増やしたり、フードバンクへ寄付することでフードロスを削減する取り組みなどが行われている。このほか、販売期限の切れた商品を飼料やたい肥にすることで活用する取り組みも行われている。フードロスの主要因が、スーパーマーケットやコンビニなどでの売れ残り、飲食店での食べ残し、家庭内で発生する廃棄物であることを考えると、大規模事業者だけでなく、消費者や規模の小さい事業者の行動変革を推進する政策を検討することが今後重要となる。

## II　マイクロプラスチック問題

**マイクロプラスチック**とは、5㎜以下の微細なプラスチックごみのことをいう。マイクロプラスチックに含有あるいは吸着する化学物質が食物連鎖を通じて、生態系に悪影響を及ぼすことが懸念されており、2015年にドイツで行われたG7首脳宣言において、世界的に重要な課題であることが言及された。

マイクロプラスチックによる汚染は世界的に広がっている。北太平洋の海鳥の胃や南極海にすむオットセイのフンからマイクロプラスチックが発見され、ウミガメやクジラなど多くの海の生物がマイクロプラスチックやプラスチックごみを誤って食べているという。

**マイクロプラスチックはなぜ発生するのか**

マイクロプラスチックは、一次的マイクロプラスチック、二次的マイクロプラスチックに大別される。一次的マイクロプラスチックは、洗顔料や歯磨き粉のスクラブ剤として利用されるマイクロビーズ[※15]などのようにマイクロサイズで製造されたプラスチックを指し、下水道などを通じて自然環境に排出される。マイクロプラスチックは、そのほかクレンジング（オイルクレンジング、ミルククレンジングなど）、角質ケア（ピーリングなど）、ボディウォッシュ（ボディソープ、入浴剤など）、ヘアウォッシュ（シャンプー、コンディショナーなど）、口腔《こうこう》ウォッシュ（マウスウォッシュなど）、日焼け止め、ファンデーションなどに使用される化粧品、口紅、アイブロウ、アイライナー、マスカラなどさまざまな製品で使用されている。このように一次的マイクロプラスチックは、普段接しているプラスチック問題（レジ袋、プラスチック容器など）とは異なり、わたしたちが無意識のうちに使用し、環境汚染にかかわっているものである。このプラスチックは、非常に小さいため、一旦自然環境に放出されてしまうと、回収は困難である。このため、米国、フランス、韓国、英国、台湾、ニュージーランド、カナダでは、発生源対策として、マイクロビーズを用いた化粧品や洗剤などを対象に、その製品の製造を禁止し、さらには、それらの流通（輸入）を禁止している。日本においては、日本化粧品工業連合会が２０１６年３月に会員企業に自主規制を呼び掛けているが、実効性のある法規制は導入されていない。

二次的マイクロプラスチックは、環境中に排出されたプラスチック（プラスチック容器など）が、紫外線や外的な力によって徐々に劣化することで小さくなったプラスチックをいう。

このため、プラスチック製品が劣化する前に回収することが二次的マイクロプラスチックを減少させるために重要となる。

環境省[※16]によると、陸上から海洋に流出したプラスチックごみの発生量（2010年推計）は、中国が最も多く、353万トン／年であり、次いで、インドネシア（129万トン／年）、フィリピン（75万トン／年）、ベトナム（73万トン／年）、スリランカ（64万トン／年）の順となっている。なお、米国が11万トン／年（20位）、日本が6万トン／年（30位）となっている。世界の海に流出するプラスチックごみは2010年において480万～1270万トンと推計されており、世界全体の排出量の大部分がアジアに起因していることがわかる。これらの国は、今後、高い経済成長にともなって消費が増加し、プラスチックごみの排出量はさらに増えると予想され、日本はもとより、アジア地域の排出量の抑制が重要な課題となる。

### バイオマスプラスチックによる解決と、そのメリット・デメリット

この対策として、バイオプラスチックの普及が検討されている。バイオプラスチックは、バイオマスプラスチックと生分解性プラスチックの総称で、前者は、再生可能な有機資源を原料にして作られるプラスチック、後者は微生物の働きによって、最終的には水と二酸化炭素に分解されるものである。バイオマスプラスチックは、トウモロコシ、サトウキビ、キャッサバ、パームヤシ、大豆などを原料として製造される。もし食品として使われているトウモロコシや

サトウキビ、大豆などが主要原料として使われると、食品価格への影響が懸念される。いっぽう、二酸化炭素などの排出削減に貢献できるというメリットがある。生分解性プラスチックの場合、分解されることで無害化するというメリットがあるが、海洋に排出されると、分解までに長期間かかるため、マイクロプラスチック問題と同様の問題になってしまう懸念がある。

### 「プラスチックに係る資源循環の促進等に関する法律」の成立

２０２２年4月に、プラスチックを使用する製品の設計からその廃棄物の処理にまで至る、使用、生産、流通にかかわるすべての主体を対象に、資源循環の取り組みを推進するために「プラスチックに係る資源循環の促進等に関する法律」が施行された。この法律の下で、ストロー、フォークなど「特定プラスチック使用製品」12品目を、年5トン以上使用する事業者に削減が義務付けられる。[※17]

これによって、飲食店やコンビニ、スーパーなどの店頭で配られているストロー、スプーンや、ホテルで提供されているヘアブラシ、歯ブラシ、かみそり、洗濯業などで使われている衣料用のハンガーなどの削減が求められることになる。日本経済新聞[※18]によると、王将フードサービスのように、持ち帰り用のスプーンなどを有料化することでプラスチック削減に取り組む対応をする企業が出現している。また、植物系素材を25%配合したスプーンに変更したり（外食チェーンのリンガーハット）、ホテルの部屋に設置する歯ブラシなどを竹や木製のものに変更する（帝国ホテル）など、素材変更で対応したり、ファミリーマートのようにフォークなどの提供自体を廃止する企業が出現しているという。いっぽう、今回の施策で削減対象となるプラスチック製品の国内流通量は日本全体のプラスチック排出量の1％程度にすぎないという。このため、より実効性のある政策にするためには、対象を広げていくことが今後の課題となる。とくに、二次的マイクロプラスチックは、プラスチックが劣化する前の段階で、散乱を防ぎ、収集することで問題を回避できる。このためプラスチックごみについては、可能な限りデポジット制度の導入を検討することで、問題解決の一助になると考えられる。

プラスチックは非常に便利だが、環境に好ましくない影響を及ぼす可能性がある。持続可能な社会を実現していくためには、さまざまな制度設計を通じて、リサイクルを推進するとともに、環境にやさしい製品の設計、製品廃棄後の廃棄物の回収の強化と散乱の抑制（海洋などへの放出の抑制）を推進していかなければならない。

## Ⅲ　廃棄物の散乱防止と不法投棄対策のあり方

廃家電や建設廃棄物に見られるように、リサイクルを義務付けると、一部の個人や企業が、リサイクルで生じる費用を回避するために、不法投棄を行うことがある。また、第4章で説明したが、ごみ処理手数料を有料化すると、一部の個人によってごみが不法投棄されることがある。このような場合、適切な不法投棄対策を講じなければ、リサイクル法やごみ処理有料制の有効性が弱められてしまう。本節では、適切な不法投棄対策のあり方について説明しよう。結論を先取りすると、適切な不法投棄対策とは、⑴適用可能な場合には、不法投棄や散乱ごみの抑制に有効なデポジット制度を活用することが望ましく、⑵その活用がむずかしい場合についてのみ、不法投棄に対して適切な罰則規定を整備するということになる。

## 望ましい不法投棄対策・散乱ごみ対策とデポジット制度の活用

不法投棄の防止や普通ごみへの有害廃棄物などの混入防止に有効なデポジット制度は、さまざまな廃棄物に対して適用可能であり、日本でも実際に、さまざまな地域でデポジット制度が導入されている。たとえば空き缶デポジット制度の場合、缶飲料の価格にある一定の金額、たとえば10円（これをデポジット〔預託金〕と呼ぶ）を上乗せして販売し、消費者が空き缶を回収機や販売店に戻したとき、デポジットの全額あるいはその一部を受け取れるように制度設計される。これによって、廃棄物をリサイクルのルートに返却するインセンティブを与え、廃棄物の散乱や不法投棄を抑制する効果がある。

外国の導入事例を見ると、米国やヨーロッパでは飲料容器の一部またはすべてを対象にしたデポジット制度が導入されている。韓国では、飲料容器のほか、酒類・化粧品容器、電池、タイヤ、潤滑油、テレビ、洗濯機、エアコンなどを対象に導入されている。

家庭から排出されるガスボンベなどの適正処理が困難な廃棄物や有害廃棄物（たとえば、乾電池など）が普通ごみに混入することによって、処理の過程で環境汚染や事故が起きている。また、不法投棄によって住環境や自然環境が悪化するなど、わたしたちの周りではさまざまな外部不経済効果が生じている。このような場合、個々の廃棄物に対して個別にデポジット制度を実施することで、さまざまな問題を解決することができる。

## デポジット制度制度設計上の課題

空き缶やビールびんだけでなく、乾電池などの製品に幅広くデポジット制度を導入することは、不法投棄や不充分な分別によって生じる環境問題の解決に大きく役立つだろう。ただし、空き缶に対するデポジット制度のように、特定の地域のみにおいて実施する場合（ローカルデポジットと呼ぶ）には、デポジット制度が実施されていない地域で購入された製品やその廃棄物の扱いをめぐって次のような問題が生じる可能性がある。

第一の問題は、デポジット制度が実施されていない地域で購入された製品が、制度の実施地域で消費あるいは使用され、その後に廃棄物として回収拠点にもちこまれたとしても、お金が支払われない場合に生じる問題である。このような場合には、それらの廃棄物を回収拠点にもちこむインセンティブが生じないので、これらの廃棄物については、不法投棄や普通ごみなどへの混入を防止することができない。

この問題を解消するためには、デポジット制度が実施されていない地域で購入された製品の廃棄物がデポジットの回収拠点にもちこまれた場合でも、お金を支払えばよいかもしれない。しかし、この場合には、デポジット制度が実施されていない地域の製品の販売価格は、預託金がない分だけ安くなるので、その地域で製品を購入し、その結果生じる廃棄物をデポジット制度が実施されている地域の回収拠点にもちこむケースが増加するだろう。この結果、不法投棄などによる環境汚染の問題は生じないが、デポジット制実施地域内の製品の販売を過度に抑制し、地域内への廃棄物の流入を過度に促進するという問題が生じる。また、もちこまれた廃棄物に対する支払いの財源不足の問題も生じる。これが第二の問題である。

以上の二つの問題は、デポジット制度の有効性を低下させる要因となる。このため、デポジット制度を導入する場合には、特定の地域だけでなく、できるかぎり広い範囲の地域で実施することが有効性を高めるうえで重要になるだろう。

### デポジット制度の活用が困難なケース――望ましい罰則規定とは何か？

家庭から排出されるごみのように、廃棄物の原因となる製品の分別が容易でない場合には、デポジット制度の活用が困難である。このような場合には、不法投棄に対して適切な罰則規定の整備が必要となる。不法投棄が行われた場合、１００％の確率で不法行為者を逮捕できるなら、不法投棄によって社会に生じる不利益（たとえば、環境汚染などの被害費用や不法投棄された廃棄物の回収費用などの環境復元費用）を不法行為者に負担させることが適切な罰則規定となる。しかし、実際には、すべての不法行為者を特定することは困難であり、１００％の確率で逮捕することはできない。このようなケースでは、逮捕確率を考慮したうえで、罰金額を設定する必要がある。なぜなら、逮捕確率が低ければ、不法投棄を行う者にとっては、自分が被る不利益（罰金や失う社会的信頼など）の期待値（逮捕確率×罰金および社会的信頼喪失の不利益）が小さくなるため、不法投棄をやめるインセンティブが低くなるからである。では、適切な罰金とはどのような条件を満たすように設定すればよいだろうか？

### 適切な罰金の条件とは？

不法投棄者が行う不法投棄には、利益だけでなく、不利益がともなう。不法投棄の利益とは、支払わなくてすむごみ処理手数料やリサイクル費用であり、不法投棄の不利益とは、摘発・逮捕によって科される罰金等の法的責任や社会的信頼喪失などである。

不法投棄を抑制するためには、罰金等（罰金や原状回復費用など。以下では略して罰金等と呼ぶ）をどのような水準に設定すればよいだろうか？

不法投棄は、それによって環境が汚染されるという外部不経済効果をともなう。したがって、環境税の理論（第２章）を援用すると、不法投棄者に対して科すべき最適な罰金等の水準は、環境汚染の外部費用（原状回復費用も含む）を反映して設定する必要がある。しかし、ここで注意しなければならないことは、不法投棄をした人すべてを逮捕することが困難な点である。そのため、罰金額を外部費用に等しく設定すると、個々の不法投棄者にとって、不法投棄を行うことで自分に生じる期待不利益（罰金〔外部費用〕×逮捕確率）は、実際の外部費用より小さい値となる。このため、科すべき罰金は環境汚染の外部費用だけでは不充分である。たとえば、不法投棄による外部費用が1億円であるとしよう。このとき、不法投棄の罰金等が1億円であっても、逮捕確率が50％であれば期待不利益は5000万円になってしまい、1億円よりも小さくなる。

不法投棄を適切に抑制するという観点からは、不法投棄者にとっての不法投棄の期待不利益が外部費用以上になるように、罰金を設定する必要がある。したがって、最適な罰金の条件は、

（最適な罰金）≧（外部費用）÷（逮捕確率）

となる。たとえば、外部費用が1億円であり、逮捕確率が50％の場合には1億円÷0・5＝2億円が最適な罰金の下限値となる。逮捕確率が高くなれば科すべき罰金の下限値は低くなり、逮捕確率が低くなればなるほど、罰金の下限値を高く設定することで不法投棄をしないインセンティブを強める必要がある。いずれにせよ、逮捕確率が100％でないかぎりは、最適な罰金は外部費用より高く設定する必要があることがわかる。

## Ⅳ　望ましい不法投棄対策のあり方
### ――デポジット制度か、罰則の整備か？

不法投棄問題に適切に対処するために、デポジット制度の活用と不法投棄に対する罰則規定の整備について議論した。では、どちらの政策を実施するのが望ましいだろうか？

デポジット制度が導入されると、廃棄物を回収拠点にもちこんだ人にはあらかじめ製品価格に上乗せされていた預託金が返還され、そうでない人には返還されない。このため、このような方法は、廃棄物を回収拠点にもちこまない人、すなわち不法投棄をしたり有害廃棄物などを普通ごみに混入させて排出したりする人に対してだけ、間接的に罰金を科していることと同じになる。この制度の優れている点は、不法投棄に対する罰金と異なり、不法投棄などを行う人や企業だけに、確実に金銭的な負担を課すことができるという点にある。不法投棄に対する罰金の場合、逮捕された人に科すことはできるが、逮捕を逃れられた不法投棄者に対しては罰金を科すことはできない。また、不法投棄者を取り締まるための取り組み（防犯カメラの設置、パトロールなど）を行わなければならないため、余分の費用が発生する。しかし、デポジット制度の場合、そのような費用を負担する必要がないことが大きなメリットである。不法投棄が行われると預託金が還付されないので、不法投棄などによって生じる環境汚染の原状回復のための財源として使うことができるというメリットもある。

そのいっぽうで、家計から排出される一般ごみなどのように、廃棄物の原因となる製品を個別に分別することが容易でない場合には、デポジット制度を実施することは困難である。このような場合には、第Ⅲ節で説明したように、不法投棄者を取り締まる対策を行いつつ、最適な罰金条件を満たすように罰金額を設定すればよい。

以上から、デポジット制度の実施が可能な場合には、できるかぎりデポジット制度を実施しつつ、それが困難な場合にのみ、不法投棄の取り締まりと罰金を組み合わせた対策を実施することが望ましい不法投棄対策になる。この点から考えると、自動車リサイクル法は、デポジット制度に近い制度設計をすることで、不法投棄を抑制しつつ、リサイクルを推進していると評価できる。いっぽう、家電リサイクル法では、デポジット制度を活用していない。不法投棄によって生じる環境問題や取り締まりのための費用を考えると、将来的にデポジット制度の活用を検討すべきであろう。

**コラム　廃棄物とは何か？　廃棄物問題の現状**

廃棄物は、廃棄物の処理及び清掃に関する法律（廃棄物処理法）において、**一般廃棄物**と**産業廃棄物**の二つに大別される。産業廃棄物は、事業活動にともなって生じた廃棄物のうち、法律で定められた廃棄物（燃えがら、汚泥、廃油、廃酸、廃アルカリ、廃プラスチック類、ゴムくず、金属くず、ガラスくず、鉱さい、がれき類、ばいじんなど20種類）をいう。一般廃棄物はごみおよびし尿からなり、厳密には、産業廃棄物以外の廃棄物と定義される。さらに産業廃棄物、一般廃棄物それぞれのうち、爆発性、有害性、感染性、そのほか人の健康や生活環境に被害を及ぼすおそれのあるものは収集から処分までの全過程において厳重な管理を必要とするものとして、とくに特別管理産業廃棄物、特別管理一般廃棄物に指定されている。

排出された廃棄物の処理責任については、廃棄物処理法によって規定されている。この法律では、産業廃棄物の処理責任は廃棄物の排出者にあると規定されているのに対して、ごみなどの一般廃棄物の処理責任は市町村にあると規定されている。このため、産業廃棄物の場合には、廃棄物の排出者がみずから廃棄物を処理するか、そうでない場合には、都道府県によって認可を受けた業者に委託することによって処理している。これに対して、一般廃棄物の場合には、市町村は、みずから処理するか、業者に委託することによって廃棄物を処理している。

図5－3および4は、それぞれ、日本のごみ総排出量と1人1日あたりごみ排出量の推移、そして産業廃棄物排出量の推移を表している。

図からわかるように、日本のごみ総排出量は、2000年度（5483万トン）をピークに減少に転じ、2020年度末の総排出量は4167万トン（東京ドーム約112個分）であり、ピーク時とくらべて24％程度減少している。排出された廃棄物のうち833万トンが再

**図５－３　日本のごみ総排出量と１人１日あたりごみ排出量**

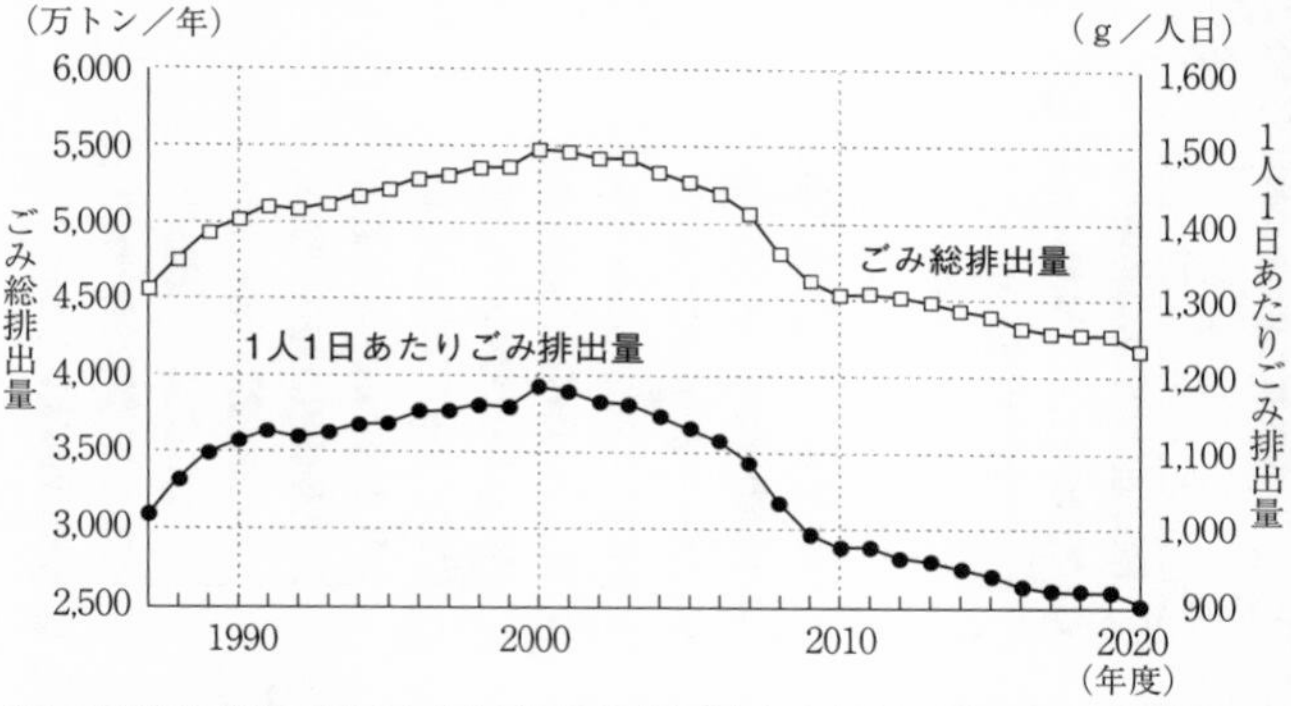


注１：2005年度実績の取りまとめより「ごみ総排出量」は、廃棄物処理法に基づく「廃棄物の減量その他その適正な処理に関する施策の総合的かつ計画的な推進を図るための基本的な方針」における、「一般廃棄物の排出量（計画収集量＋直接搬入量＋資源ごみの集団回収量）」と同様とした。

２：1人1日当たりごみ排出量はごみ総排出量を総人口×365日又は366日でそれぞれ除した値である。

３：2012年度以降の総人口には、外国人人口を含んでいる。

出所：環境省「令和４年版環境白書・循環型社会白書・生物多様性白書」

資源化され、２９７６万トンが中間処理を通じて減量化された結果、最終処分量は３６４万トンとなっている。ごみ排出量の減少にともない、最終処分量も減少し、最終処分場の残余年数（あと何年で処分場が一杯になるかを示す年数）は、２０００年度末において、全国平均で12・８年であったものが、２０２０年度末には22・４年程度に上昇している。産業廃棄物については、１９９６年度をピーク（４億２６００万トン）に減少に転じ、２０１９年度の総排出量は３億８５９６万トンであり、最も多かった水準と比較して、９・４％減少している。排出された廃棄物のうち２億３５７万トンが再生利

### 図５－４　産業廃棄物排出量の推移

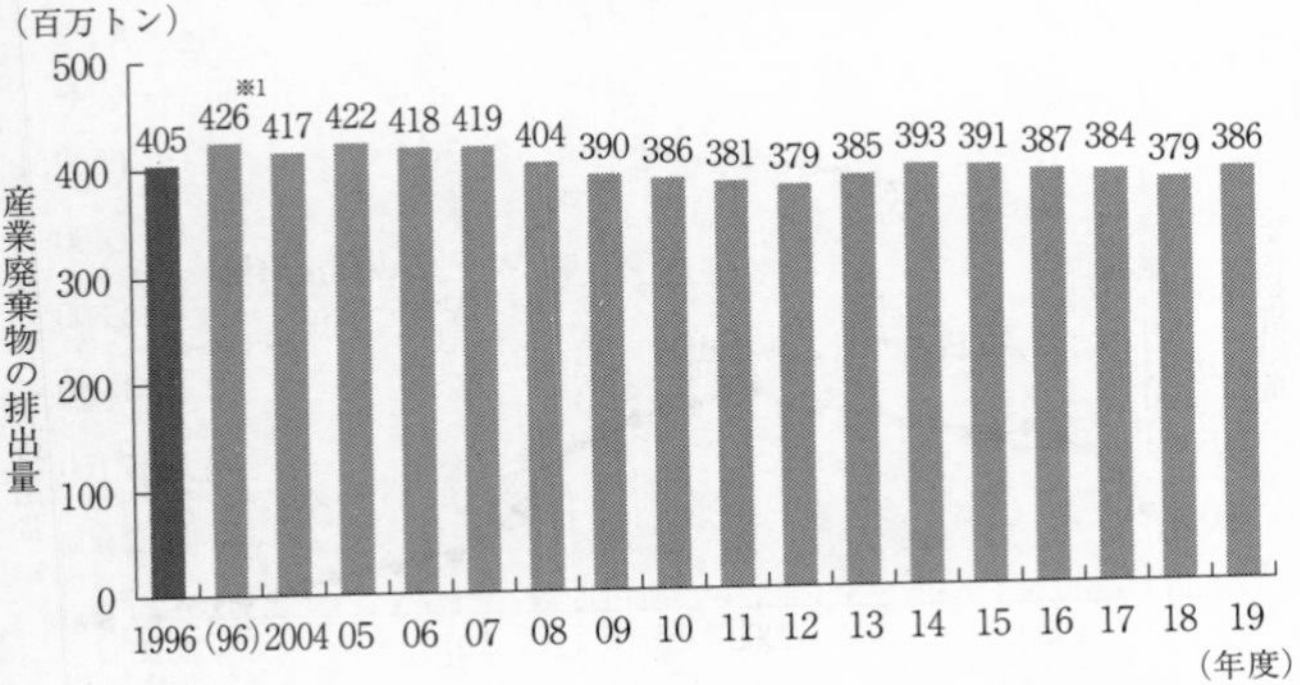


※1：ダイオキシン対策基本方針（ダイオキシン対策関係閣僚会議決定）に基づき、政府が2010年度を目標年度として設定した「廃棄物の減量化の目標量」（1999年9月設定）における1996年度の排出量を示す。
注1：1996年度から排出量の推計方法を一部変更している。
　2：1997年度以降の排出量は※1において排出量を算出した際と同じ前提条件を用いて算出している。
出所：環境省「令和４年版環境白書・循環型社会白書・生物多様性白書」

### 図５－５　出口側の循環利用率の推移

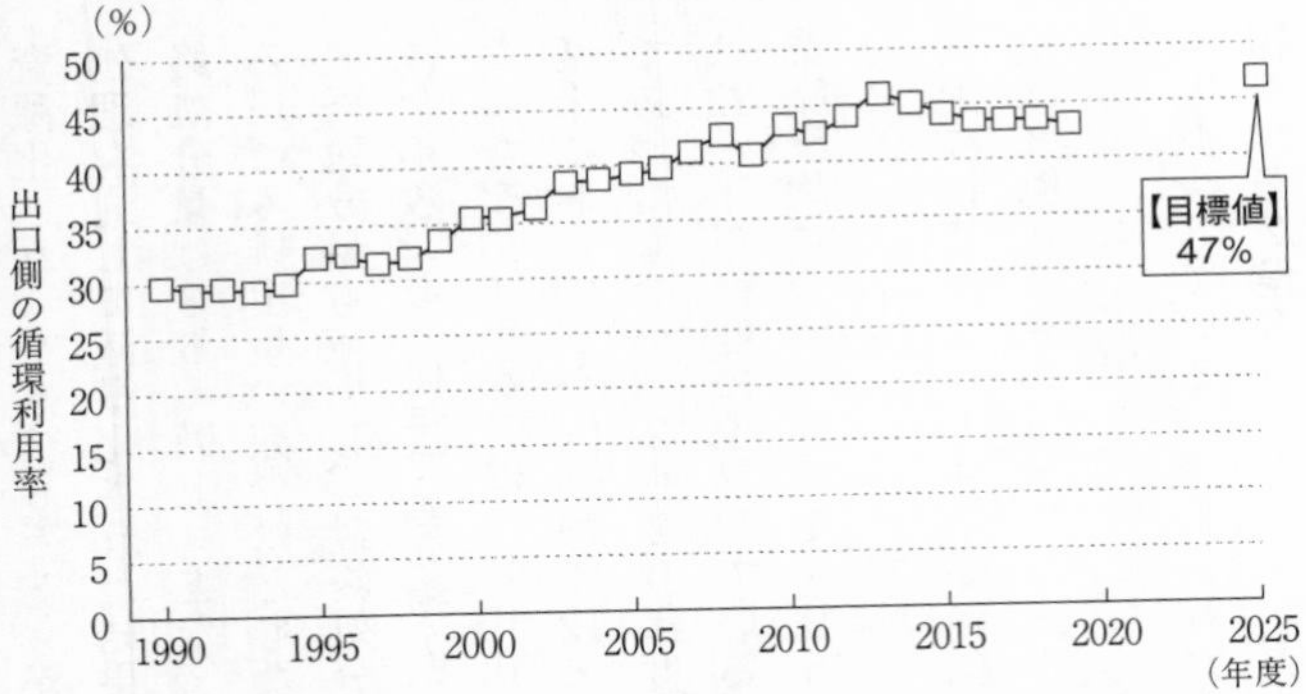


※推計方法の見直しを行ったため、2016年度の数値は2015年度以前の推計方法と異なる。
出所：環境省「令和４年版環境白書・循環型社会白書・生物多様性白書」

用され、1億7323万トンが中間処理を通じて減量化された結果、最終処分量は916万トンとなっている。これにともない、最終処分場の残余年数は、1996年度末に3・1年であったものが、2019年度末では16・8年に伸びている。

このように廃棄物排出量が減少した大きな理由の一つは、図5－5に示すように、出口側の循環利用率（循環利用量／廃棄物等発生量）が上昇したことにある。過去20～30年間におけるリサイクル法の導入、ごみ排出手数料の有料化などさまざまな施策によって、リサイクルが進み、ごみ排出量が減少してきた。しかし、資源が有限であるかぎり、持続可能な社会を実現していくために循環型社会を構築していく必要がある。このため、今後も、リサイクルと排出量の削減を推進していくことは重要な政策課題である。（日引）

※1　環境省「容器包装廃棄物の使用・排出実態調査」は2006年以降毎年実施されており、調査結果の概要は、https://www.env.go.jp/recycle/yoki/c_2_research/index.html において閲覧できる。
※2　事業者は、ペットボトル、プラスチック製容器包装、ガラスびん、紙製容器包装については、再商品化の義務を負うが、紙パック、段ボール、アルミ缶、スチール缶については、義務を負

わない。これは、紙パック、段ボール、アルミ缶、スチール缶は、資源としての価値が高く、市場において有償で売却できることから、義務の対象から除外された。制度の詳細については、公益財団法人日本容器包装リサイクル協会HP（https://www.jcpra.or.jp）が詳しい。

※3　この制度は、いわゆるデポジット（預託金）制度の一つの形式である。ただし、この仕組みは販売店の自主的な活動のため、地域、販売店によっては採用していないところがある。

※4　家電リサイクル法の詳細は、環境省HPに詳しい。https://www.env.go.jp/recycle/kaden/index.html

※5　消費者が小売業者に廃家電を引き渡した際に、それが適切に製造業者等に引き渡されたかどうかを確認するために管理票（マニフェスト）制度が実施されている。悪意ある小売業者が、廃家電を中古として中古業者に売却することを抑止するなどの狙いがある。

※6　金属類やガラス類を回収して再利用すること。

※7　プラスチック類を回収し、焼却して得た熱を利用すること。

※8　中央環境審議会廃棄物・リサイクル部会家電リサイクル制度評価検討小委員会、産業構造審議会環境部会廃棄物・リサイクル小委員会電気・電子機器リサイクルWG合同会合（2007年8月31日第13回）参考資料4「家電リサイクル法の収集・運搬料金に関する実態調査結果（第5回合同会合資料4）」https://www.env.go.jp/council/former2013/03haiki/y0311-13/ref04.pdf

※9　廃家電製品の不法投棄等の状況については、環境省HPにおいて、詳細を見ることができる。

https://www.env.go.jp/recycle/kaden/fuho/index.html

※10　リサイクル料金は、自動車リサイクルシステムのＨＰ（http://www.jars.gr.jp）で確認できる。

※11　情報は古いが、環境省ＨＰ「自動車リサイクルの実施状況：最新の実施状況」がhttps://www.env.go.jp/recycle/car/situation1.htmlにおいて閲覧できる。

※12　環境省ＨＰ「建設リサイクル法の概要」https://www.env.go.jp/recycle/build/gaiyo.html

※13　環境省「我が国の食品廃棄物等及び食品ロスの発生量の推計値（平成30年度）の公表について」https://www.env.go.jp/press/109519.html

※14　農林水産省「食品ロスの現状を知る」『aff（あふ）』10月号２０２０年 https://www.maff.go.jp/j/pr/aff/index.html

※15　肌の汚れや古い角質を除去するために洗顔料や練り歯磨き等の化粧品に添加されている。以前は、天然のクルミ、アプリコットなどの果物の種子などをスクラブ剤として使用していたが、近年、プラスチックビーズが使用されるようになってきた。

※16　環境省中央環境審議会循環型社会部会（第28回）資料３「海洋プラスチック問題について」https://www.env.go.jp/council/03recycle/【資料３】海洋プラスチック問題について.pdf

※17　対象となる業種は、各種商品小売業、各種食料品小売業、その他の飲食料品小売業、無店舗小売業、宿泊業、飲食店、持ち帰り・配達飲食サービス業、洗濯業である。

※18　２０２２年４月１日０：05配信「使い捨てプラ、４月から企業に削減義務 代替素材に転換」

# 第6章　日本の大気汚染政策と世界の現状

## I　はじめに

２０２０年から始まった新型コロナ問題は、大きな衝撃を世界にもたらした。多くの人命が失われ、経済活動も大きな打撃を受け、世界が１００年に一度のパンデミックに苦しむことになった。いっぽうで、環境面ではポジティブな面も指摘された。それまで大気汚染で苦しんでいた地域で状況が大幅に改善し、それまで見られなかった澄んだ空気が観測されるようになった。

アジアでの緊要な環境問題として、大気汚染がここ10年間で注目度を増している。北京《ペキン》市は主に石炭の燃焼に起因するＰＭ２・５により、世界でも最悪の大気汚染で知られるようになっ

た。また、モンゴルの首都ウランバートルは冬の間深刻な大気汚染に悩まされている。さらに、韓国の首都ソウル市でもPM2・5の問題が発生している。最近では中国で大気汚染の問題が改善されはじめているものの、ムンバイやデリーなどのインドの都市は大気汚染が最も深刻な都市に挙げられている。

　アジアにおける大気汚染の経済的損失は看過できない。OECD（経済協力開発機構）[※1]は、2014年に中国における屋外大気汚染による健康への影響の経済的損失を約1・4兆ドルと見積もっている。また、インドでの影響は2010年には約0・5兆ドルと推定されている。両国の経済的損失の合計は、全OECD加盟国の合計1・7兆ドルよりも多いとされている。

　OECDは2016年に大気汚染の経済的損失の推計を更新した。世界全体での被害は、2

060年には18兆〜25兆ドルに増加すると予測されている。OECD諸国での早期死亡による損失は、2015年の1・4兆ドルから、2060年には3・4兆〜3・5兆ドルと約2倍になると予測されている。そして、OECD加盟国以外の途上国経済圏の損失は、これよりも多くなると予測されている。以上から、大気汚染が世界的に見てまだ重要な環境問題であることがわかる。

このように、発展途上国ではいまだ大きな課題となっている大気汚染問題であるが、かつて、高度経済成長の日本でも大きな社会問題であった。日本はどのようにこの問題を克服したのだろうか。

## II　大気汚染問題――大気汚染物質と環境基準

大気汚染を引き起こす主な物質には、まず**二酸化硫黄**（$SO_2$）が挙げられる。二酸化硫黄による大気汚染は日本のみならず多くの国で問題となってきた。二酸化硫黄は、石炭、石油、天然ガスといった化石燃料を燃やすことによって、含まれている硫黄分が酸化して発生する。気管支炎やぜんそくなどの健康被害を引き起こすとされ、1960年代に三重県四日市市で発生した四日市ぜんそくの原因物質の一つである。

**窒素酸化物**も化石燃料に含まれている窒素が燃焼時に酸化して生成される。これ以外にも自動車のエンジンや工場のボイラーなど、高温になる場所で空気中の窒素と酸素が結合して生成される。大気中では主に一酸化窒素（NO）や二酸化窒素（$NO_2$）として存在し、肺などに悪影響を及ぼす。

また窒素酸化物は、日光の紫外線によって、工場や自動車から排出された有機化合物と化学反応を起こす。その結果、**光化学オキシダント**が発生し、光化学スモッグの原因物質となる。光化学スモッグは目やのどを刺激し、さらには呼吸困難を引き起こすこともある。１９７０年代には関東や近畿を中心に光化学スモッグが頻発して大きな問題となった。２０２１年にも光化学スモッグ注意報が発令されるなど、問題が完全に解決されたわけではない。

**浮遊粒子状物質**（SPM）は大気中に浮遊する粒子状物質のなかで、その粒径が10㎛以下のものである。発生源は多種多様で中国から飛来する黄砂など自然由来のものもあるが、工場等で燃料を燃やす際に生成されるすすなどもSPMになる。呼吸器に影響を与え、アレルギーとのかかわりも指摘されている。

**揮発性有機化合物**（VOC）は揮発性をもっており、大気中で気体状となる有機化合物の総称である。このなかにはキシレン、トルエン、酢酸エチルなどさまざまな物質が含まれる。VOCはSPMや光化学オキシダントの原因物質となる。排出源としては工場からの燃料や塗料の蒸発、自動車の排気ガスなどがある。大気汚染防止法では、VOCの排出量が多いためとくに規制を行う必要がある施設を「揮発性有機化合物排出施設」と定め、施設の形態や規模別に

図６－１　二酸化硫黄濃度の推移

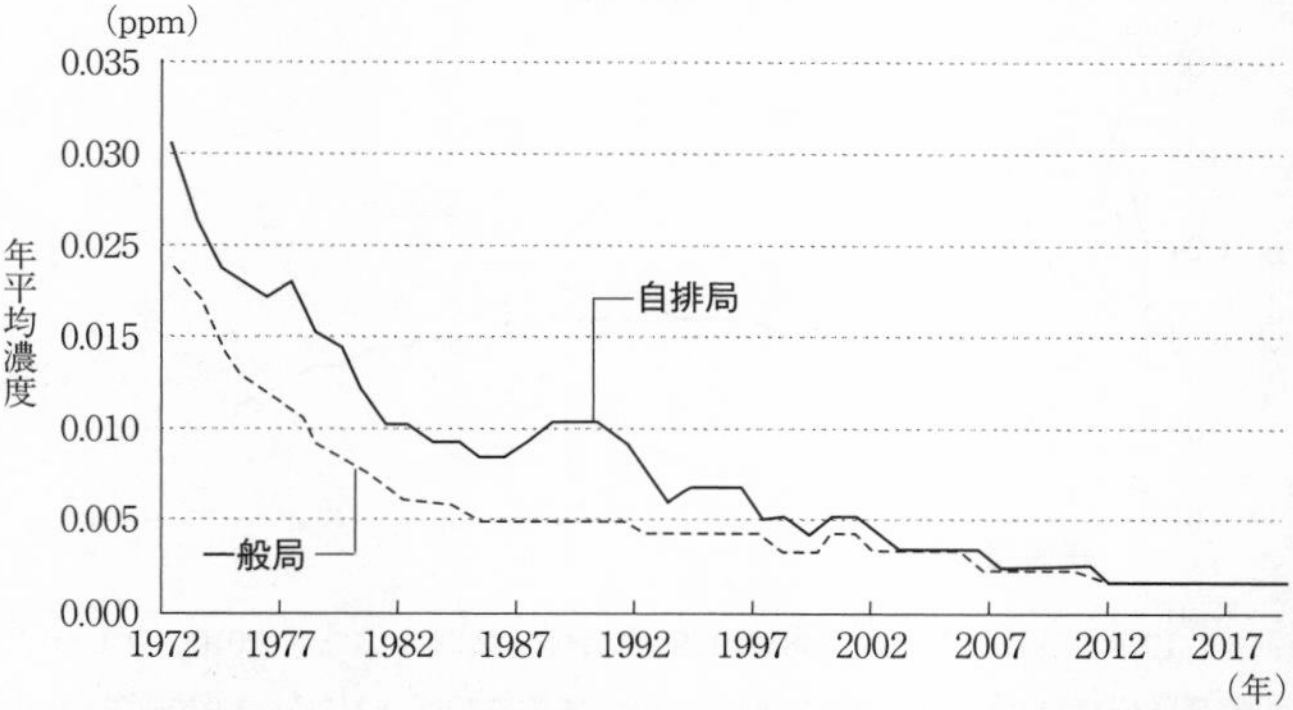


出所：環境省「令和元年度 大気汚染物質（有害大気汚染物質等を除く）に係る常時監視測定結果」

排出基準を設けている。

ほかにも、近年、微小粒子状物質（ＰＭ２・５）が健康に与える影響も注目されている。ＰＭ２・５とは、大気中に浮遊している粒子のうち、直径２・５μm以下のものであり、呼吸器や循環器に悪影響を及ぼすとされている。工場で発生したばい煙や粉じん、硫黄酸化物などがＰＭ２・５の粒子であり、中国で発生したＰＭ２・５が飛来して日本で健康被害をもたらすことが懸念されている。

このような大気汚染物質による健康被害を受け、１９７３年以降、大気の汚染にかかわる環境基準が設定された。二酸化硫黄については「１時間値の１日平均値が０・04ppm以下であり、かつ、１時間値が０・１ppm以下であること」（ppmは空気中の分子の総数に対する当該分子の比で１００万分の１の単位）、光化学オキシダントについては「１時間値が０・06ppm以下であること」、ＳＰＭについては「１時間値の１

図6－2　二酸化窒素濃度の推移

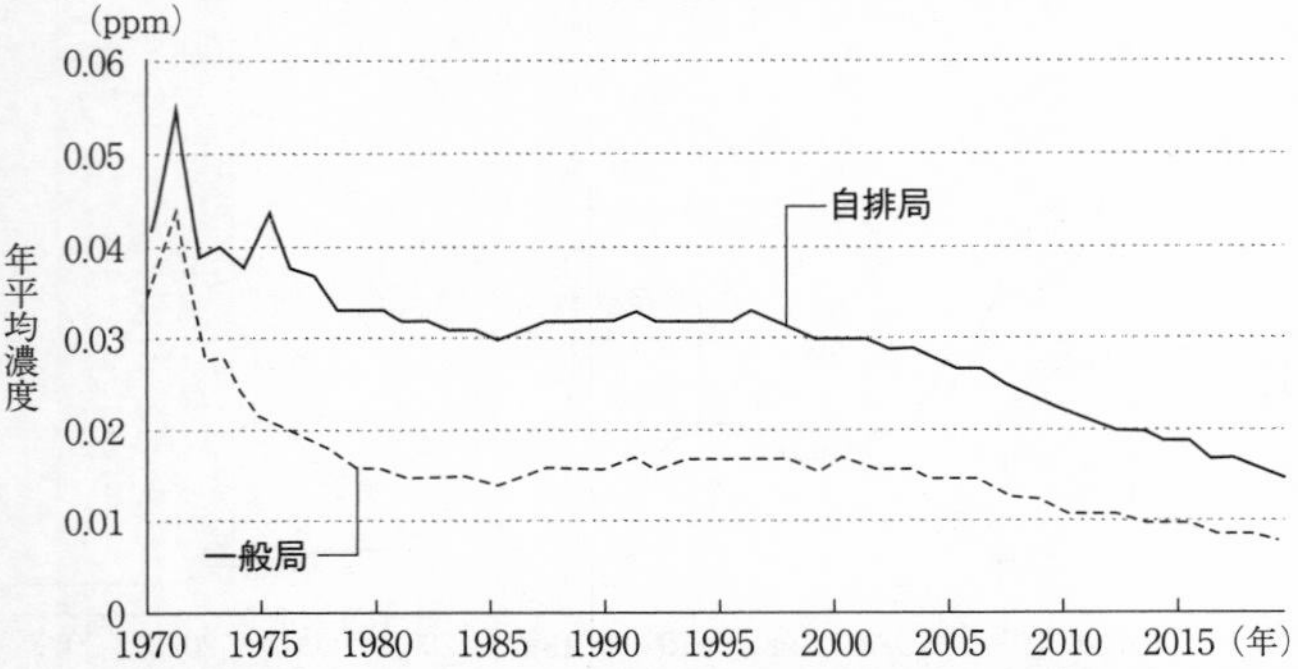


出所：環境省「令和元年度 大気汚染物質（有害大気汚染物質等を除く）に係る常時監視測定結果」

日平均値が0・10㎎／㎥以下であり、かつ、1時間値が0・20㎎／㎥以下であること」という基準が1973年にそれぞれ設けられた。さらに、二酸化窒素については「1時間値の1日平均値が0・04ppmから0・06ppmまでのゾーン内又はそれ以下であること」との基準が、1978年に設定された。VOCが原因物質となる光化学オキシダントについては「1時間値が0・06ppm以下であること」という基準が設けられている。VOC自体はその排出量が年々減少しているものの、VOCが原因物質となる光化学オキシダントの基準を達成した大気測定局（後述）が令和元年度で全国1446局中2局（0・2％）しかなく、極めて低い水準となっている。ほかにも、PM2・5については2009年に「1年平均値が15μg／㎥以下であり、かつ、1日平均値が35μg／㎥以下であること」という基準が設けられている。

図6－1は、日本の二酸化硫黄の濃度の推移を示し

**図6－3　SPM（浮遊粒子状物質）およびPM2.5濃度の推移**

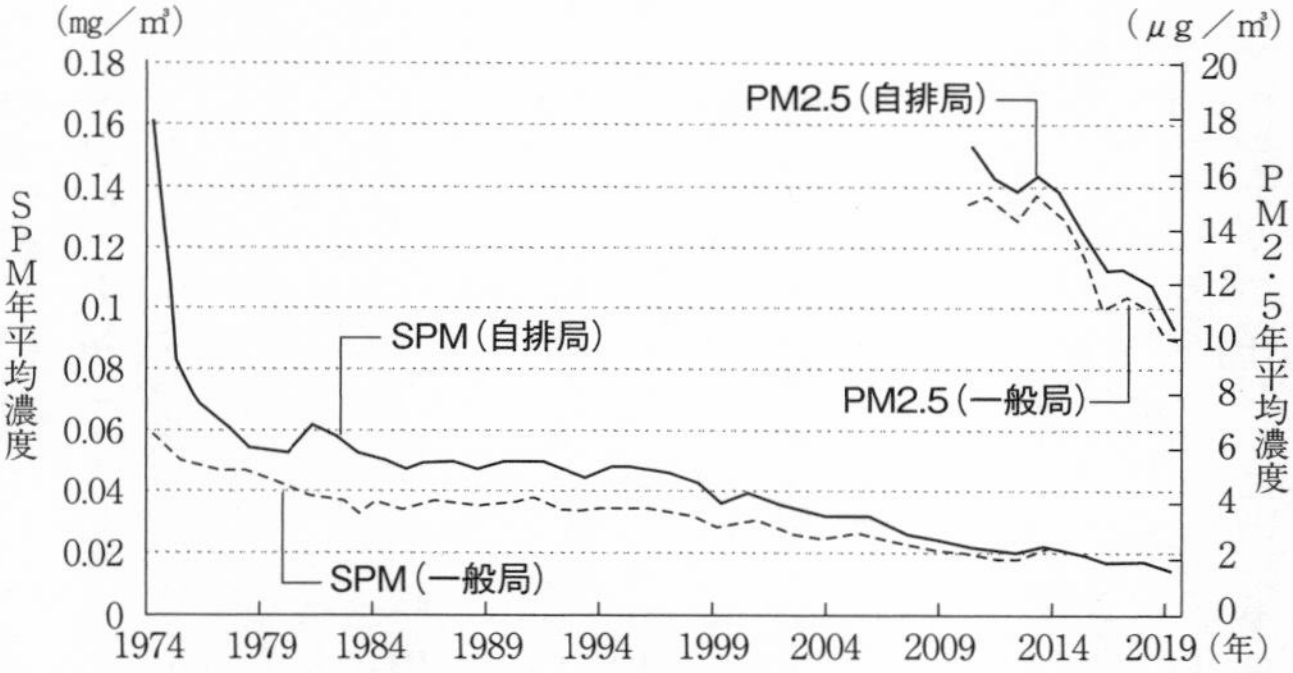


出所：環境省「令和元年度 大気汚染物質（有害大気汚染物質等を除く）に係る常時監視測定結果」

ている。環境省では、大気汚染の状況を、**一般環境大気測定局**（以下、**一般局**）と**自動車排出ガス測定局**（以下、**自排局**）で計測している。一般局は、一般的な生活空間における大気汚染の状況を監視するために設置された測定局であり、住宅地などで計測している。自排局は、自動車排出ガスによる大気汚染の影響を受けやすい地点で大気汚染の状況を監視・計測するものであり、交差点、道路付近などで、設置されている測定局である。すべての物質に関して排出源に近い自排局で大気汚染物質の数値が大きく、状況が悪かったことがわかる。筆者（有村）は重度のスギ花粉症であるが、その原因としてPMへの曝露《ばくろ》が指摘されている。中学時代に国道沿いの通学路を使っていたが、その間にディーゼル車から出ていたPMに曝露していたのかもしれない。

　図6－1の二酸化硫黄に関しては、1970年に環境庁が設立され、後述するように規制が導入されると

ともに急激に濃度が改善されたことがわかる。いっぽう、図6－2および6－3は二酸化窒素およびSPMとPM2・5の濃度の推移を示しているが、二酸化硫黄とは対照的に1990年代になってもなかなか改善されなかった。これらの汚染物質への取り組みは、のちの節で紹介する。

## Ⅲ　日本の大気汚染政策の歴史

日本でも工業地帯や道路沿線を中心に、多くの住民が大気汚染に悩まされた。大気汚染は、環境基本法で定義されている典型七公害の筆頭であり、深刻な問題であった。

大気汚染の典型的な問題は、化石燃料のなかに含まれている硫黄分が燃焼時に二酸化硫黄となり、呼吸器系に健康被害をもたらすことである。二酸化窒素などの窒素酸化物（$NO_x$）、いわゆる煙に含まれるばい煙や粉じん、自動車排ガスに含まれる大気汚染浮遊粒子状物質（SPM）なども大きな問題となってきた。

三重県の四日市で住民が苦しんだ**四日市ぜんそく**は、水俣病、新潟水俣病、イタイイタイ病と並んで四大公害病の一つとなり、1960年代を代表する公害問題となった。四日市の住民は、気管支炎、気管支ぜんそく、肺気腫などの病気に苦しめられた。このような大気汚染問題は、重化学工業が発展した当時の日本の各地で発生した。そのため、各地で多くの訴訟が起こされた。

この問題に規制当局はどのように対応したのだろうか。まずは、典型的な直接規制が導入された。大気汚染物質の濃度が高いことが汚染の問題であるということで、濃度を低めるための規制として**K値規制**が導入された。これは、工場の煙突の高さを高くする、あるいは、煙突から出る煙の上昇速度を速めて、大気汚染物質の濃度を薄める、という規制であった。許容される高さや煙の速度を規定する数式に、地域によって異なる「K値」が入っていたことから、K値規制と呼ばれた。だが、当時の日本の工場の集中度では、このような煙突の高さの調整で対応することの効果は限定的であった。一本一本の煙突を高くしても、周りが工場だらけでは、改善が見込めなかったのであろう。

K値規制に加えて、燃料の硫黄分を低める対策もとられた。大気汚染物質の主要な原因は、二酸化硫黄、あるいはそれが原因となる粉じんであった。そのため、硫黄分の低い化石燃料を利用すれば汚染物質は削減できる。値段は高くなるが、燃料の種類を規制することにより、低硫黄燃料の使用が促進された。

また、**脱硫装置**の設置も進められた。脱硫装置とは、二酸化硫黄が工場排煙として煙突から放出される前に、二酸化硫黄を化学反応により吸収し、除去するというものである。この技術はその後多くの改良がなされ、今でも多くの工場、発電所で利用されている。しかし、当初は費用が高く、設置が進まなかった。

この脱硫装置の普及に貢献したと考えられているのは、**二酸化硫黄への賦課金**制度である。大気汚染問題が日本中で発生し、事業者に対して住民による大気汚染訴訟が多発した。これらの訴訟は、民法上の補償を求める裁判であり、**「受忍限度」**を超えた損害に対して、加害者が被害者を補償するものである。しかし、従来の民法では、原因者（汚染の排出者）に故意・過失が認められる場合のみに被害補償の義務が発生する、と規定されていたため、被害者が補償を受けるのは困難であった。あまりにも多くの被害者が存在し、訴訟が多かったため、裁判を通さずに被害者を救済する政策として、1973年に**公害健康被害補償法**（公健法）が成立した。この法律のおかげで、被害者は原因者の過失等を証明する必要はなくなった。コースの定理における被害者と加害者の間の交渉に関する取引費用を大きく下げたものと考えられるだろう。

この制度では、大気汚染の原因者は、二酸化硫黄の排出量に応じて賦課金を支払う、そしてその賦課金は健康被害の補償に利用される、という制度であった。いわば、二酸化硫黄に対する環境税のようなものである。

それではだれが賦課金を支払うことになったのだろうか。一般に、大気汚染には二つの汚染源がある。それは工場などの**固定発生源**と、自動車などの**移動発生源**である。日本の場合、固定発生源が被害の80％、移動発生源が20％の責任を負うと政府によって定められている。固定発生源については、東京や大阪などの指定地域にある大規模施設は、モニターされた排出量に

**図6－4　汚染負荷量賦課金申告額の推移**

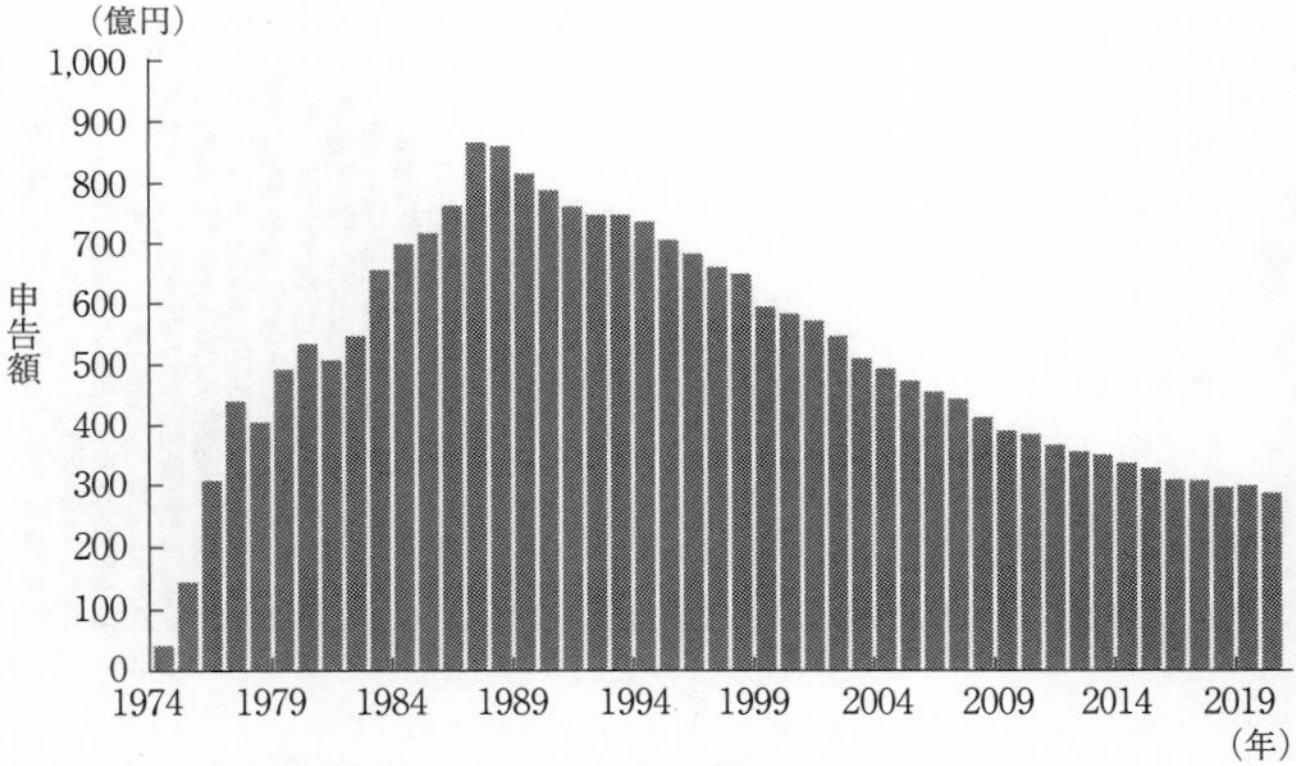


出所：独立行政法人環境再生保全機構「汚染負荷量賦課金申告数及び申告額」

応じた料金を支払わなければならないこととなった。この賦課金の水準は、地域によって異なる。汚染度が高い地域にある施設ほど、排出する汚染1単位あたりの賦課金が高くなっている。

また、移動排出源である自動車のユーザーも、自動車が汚染の原因であるので、硫黄の賦課金を負担しなければならない。自動車の所有者は、「自動車重量税」を支払う。この税金は、自動車やガソリンの使用量ではなく、自動車の重量に応じて決まる。自動車重量税による税収が、補償に使われることになった。

この制度における当初の指定地域は12ヵ所であった。その後、1978年に41地域へ拡大された。補償額は1000億円に達し、ばい煙発生施設数は8000を超えた。※2

図6－4は硫黄酸化物の汚染負荷量賦課金の申告額の推移を示している。日本経済の成長率が比

図６－５　排煙脱硫装置の設置状況図

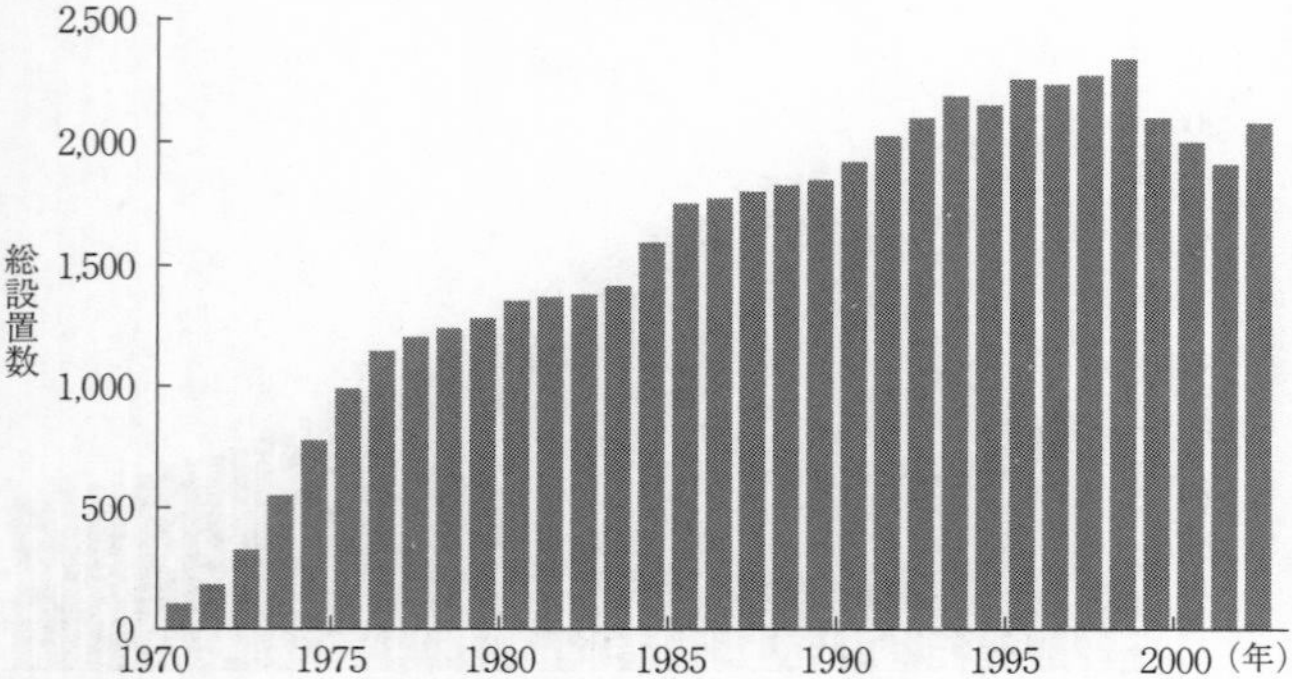


出所：環境省「平成16年度大気環境に係る固定発生源状況調査（結果概要）」

較的高かった１９７０年代と１９８０年代に増加した。環境再生保全機構[※3]は、硫黄への賦課金が排気ガスから二酸化硫黄を除去する排煙脱硫装置の採用を促進したこと（図６－５）、その結果、大気汚染を改善することに貢献したことを示している。状況が改善されるにつれて、被害者の数も減少した。その結果として、必要な補償金の額が減少した。１９９０年以降、補償金の総額は減少を続けている。

賦課金の水準は時間を経るにつれて高くなった。大阪の料率は、１９７４年開始当初は二酸化硫黄１$m^3$メートルあたり15円84銭であったが、１９８７年には５３２円９０銭にまで上昇した。これは、脱硫措置の設置数が増加したいっぽうで、患者はすぐには減らなかったからである。少ない排出量で従来どおりの患者数を補償するためには、賦課金の料率を上げなければならなかったのである。

以上のような個々の工場を規制する個別規制だけ

では充分に大気汚染の改善がなされなかったこともあり、その後、総量規制が導入された。これは、特定の地域圏に対して、許容できる汚染の総量を決め、そのなかで経済活動を許容する考え方である。そのため、新設の工場に関しては、より厳しい環境規制が課され、排出の抑制が図られた。

このような取り組みにより、固定排出源が原因の大気汚染は大幅に改善した。その結果、1988年には、公健法41地域の指定は解除され、新たな患者の認定もされなくなった。

## Ⅳ　自動車の対策

### 移動排出源規制――排出ガス規制と車種規制

図６－１に示すように、二酸化硫黄濃度は1990年代までに大幅に改善されたものの、窒素酸化物の環境基準は1990年代になっても達成できなかった（図６－６）。そこで、固定排出源の規制と合わせて、移動排出源である自動車への規制も進められた。

自動車に対しては規制的手段が中心であり、排出ガス規制といわれる個別の車への規制が導入された。これは単体規制とも呼ばれ、これから新規に販売される新型車にかぎり、自動車の走行距離１km あたりの化学物質排出量を制限する規制である。１単位あたりの活動から発生する排出ガス量を示す、排出ガス原単位の上限が設定される。

図6－6　二酸化窒素の環境基準達成率

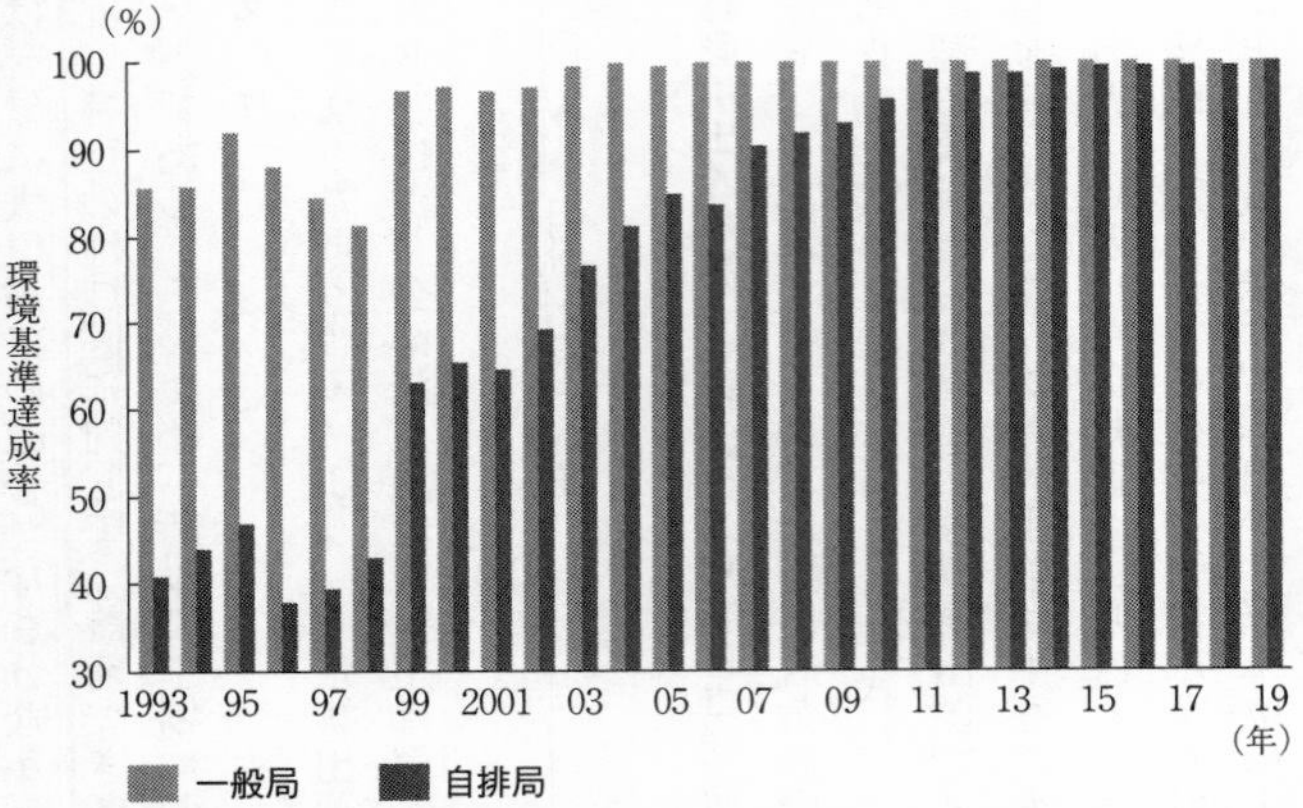


出所：環境省「令和元年度 大気汚染物質（有害大気汚染物質等を除く）に係る常時監視測定結果」

最初に、一酸化炭素（ＣＯ）を対象とした排出ガス基準が１９６６年に設けられた。次に、窒素酸化物（ＮＯx）と炭化水素（ＨＣ）に関する規制が１９７３年に加えられた（昭和48年度排出ガス基準）。

窒素酸化物に関しては、自動車が大気汚染の主な排出源となっており、全体の半分以上を占めている。窒素酸化物等に関する排出ガス規制は走行距離１㎞あたりの化学物質排出量の上限を設定するもので、導入以降、年々その基準は厳しくなっていった。図6－7は規制導入前の窒素酸化物排出量を1とした場合の、各年の規制上限値を示しているが、２０２１年時点では０・05程度となっており、自動車の排出ガス規制が大幅に強化されてきたことがわかる。

しかし、排出ガス規制は新型車に対する規制であるため、新車以外の環境負荷の高い旧型車

図6－7　窒素酸化物排出規制の推移

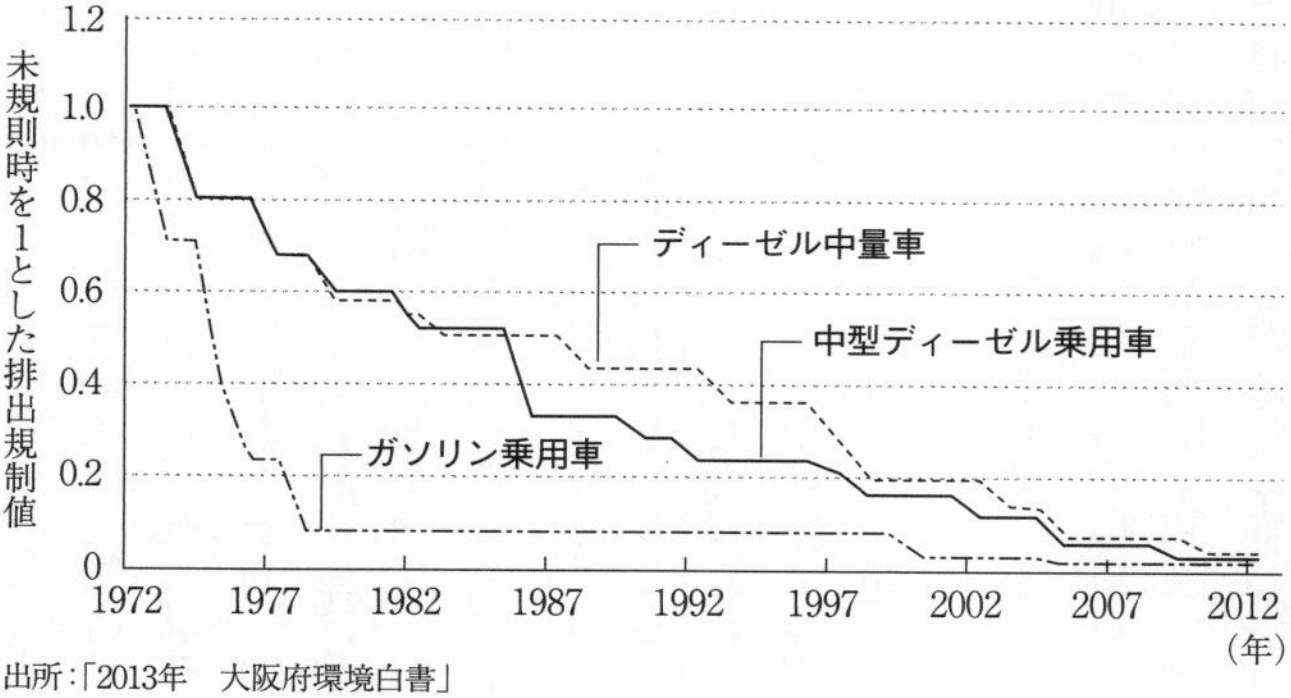


出所：「2013年　大阪府環境白書」

（使用中の自動車）からの排出量の削減には貢献しない。これは従来型の規制の問題点であった。一度販売された車は一般的に10年以上使用されるため、新型車の環境負荷が改善されても、簡単には大気汚染の改善につながらないのである。また、大気汚染のほとんどが大都市圏に集中していた。そこで、問題解決のために、1992年に**自動車NOx法**（自動車から排出される窒素酸化物の特定地域における総量の削減等に関する特別措置法）が施行された。

この時、浮遊粒子状物質（PM）の排出ガス基準も加えられた。この法律における規制は、環境負荷の高い旧型車の自動車検査登録の更新を禁止する、直接規制となっている。日本では、自動車検査登録（車検）を通さないと、車は一般道を走行できない。つまり、対象地域で旧型車の走行を禁止する内容になっている。もちろん、ビジネスにおいては、車は不可欠である。そこで、旧型車の利用期間を短縮させることで新車への代替を促進し、その結果として窒素酸化物による大気汚染の改善を達成しようとしたのである。ただし、自動車NOx法は大気汚染が深刻な東京・埼玉・神奈川・千葉・大阪・兵庫の196市区町村を対象地域とし、それ以外の地域は対象から除外した。窒素酸化物の濃度改善を目的として施行されたにもかかわらず、対象地域における窒素酸化物濃度改善は限定的なものとなった（図6－6）。環境基準の達成率を見ると、1998年の大都市圏における、自排局での窒素酸化物は43％にとどまっていた。また、PMの達成率はさらに低く、36％にすぎなかった。

自動車NOx法の導入以降も改善しない窒素酸化物濃度や、1993年の単体規制導入まで対策が行われてこなかったPM問題に対処するため、2001年に自動車NOx法が改正された。いわゆる**自動車NOx・PM法**（自動車から排出される窒素酸化物及び粒子状物質の特定地域における総量の削減等に関する特別措置法）である。自動車NOx・PM法では、それまでの窒素酸化物濃度改善に加え、PMの濃度改善という目標が追加された。

また、同法では、愛知・三重圏を追加し、276市区町村が規制対象となった（この対象地域は〝特定地域〟と呼ばれている）。規制内容は、自動車NOx法を踏襲し、旧型車の利用禁止年を指定するという**車種規制**を用いている。

車種規制は旧型車からの環境負荷を低減させる日本で初の政策である。また、世界的に見ても、当時は旧型車の利用を制限するような規制は類を見ず、非常に特徴的な政策となっていた。

自動車NOx・PM法の車種規制は、東京都などが実施したPM除去装置（DPF）の義務化とともに、大気汚染の改善に大きく貢献した。２００４年に車種規制が導入されたあと、窒素酸化物もＰＭ10（粒子状物質で直径10㎛以下）も、濃度ならびに環境基準達成率が大幅に改善したのである。この規制が導入されたとき、筆者（有村）は上智《じょうち》大学に勤務していたが、冬の早朝にしか見えなかった富士山《ふじさん》が、平日でも見られるようになった。これもＰＭの改善が寄与していると考えられる。

### 車種規制の経済分析

政府が実施してきた大気汚染政策は経済学的にどう評価できるのだろうか。ここでは、自動車$NO_X$・ＰＭ法の車種規制を事例に、その費用便益分析を紹介しよう。有村・岩田では、[※4]この車種規制の費用と便益を比較している。

まずは、費用から見ていこう。同研究では、個別の自動車の規制遵守費用を求め、それをすべての対象車両に関して積み上げるという方式をとっている。この規制の主な対象は貨物トラックであった。貨物トラックの事業者は、この規制に従うために、規制適合車への買い替えを行った。これは、買い替え時期の強制的な前倒しである。このため事業者は早めに資金を用意しなければならない。同じトラックでも、今すぐ買うのと、５年後に買うのとでは、割引現在価値が異なる。この差を費用として考えることができる。たとえば、普通貨物トラックでいうと、１台あたり15万円から43万円であると推定される。これに加えて、小型貨物、乗用車、特殊車両など規制対象のすべての費用を合計すると、5210億円であった。

これに対して、便益はいくらだったのだろうか。同研究では、買い替えの前倒しによって、トラックの排ガスがきれいになり、それによって削減できる窒素酸化物と、PMの外部費用を合計して便益を求めた。その結果、窒素酸化物の削減便益は総額で1389億円、PMの削減便益は1兆634億円となった。この結果、便益から費用を差し引いた規制の純便益は6812億円であることが試算された。つまり、自動車$NO_X$・PM法の車種規制は、社会に大きな純便益をもたらす素晴らしい環境政策であったといえる。

しかし、この規制は、政府が実施できる最も望ましい政策だったのであろうか。第2章で示されたように、規制的手段では、削減主体の限界削減費用が一致しないため、非効率性が残る。有村・岩田では、分析を一歩進めて、社会的余剰を最大化する最適な政策と、自動車$NO_X$・PM法のもたらす純便益を比較した。第2章で示したように、最適な政策は環境税で達成できる。そこで同研究では、車種規制の代わりに、環境税を導入した場合に実現される純便益を計算している。分析の結果、環境税を用いた際の純便益は1兆3884億円になり、実施された規制の約2倍になることが示された。

もちろん、最適な環境税を導入すれば一部の人に大きな負担がかかるため、そのような税を導入することは非現実的かもしれない。しかし、車の使用禁止年を1年早めるだけで政策の純便益が10%増加するという分析結果も得ている。経済学的な視点で環境政策を分析する重要性を示した事例といえる。

## V　発展途上国における大気汚染問題

日本では大幅に改善した大気汚染であるが、多くの発展途上国では深刻な問題である。とくにアジアにおいて目立った環境・健康リスクとなっている。大気汚染は年間約400万人が早期死亡する原因となっており、PM2・5は人類の健康に対する最大の脅威と考えられている。大気汚染は二つのカテゴリーに大別することができる。屋外の大気汚染と、家庭の室内空気汚染である。

大気汚染は、主に産業（26％）、発電（16％）、自動車からの排出（50％）によって引き起こされている。たとえば、中国では、工業用の石炭燃焼が大気汚染の最大の原因であり、2013年のPM2・5濃度の40％を占めている。また、エネルギー需要を満たすために石炭や牛糞や薪などの燃焼に大きく依存していることも、発展途上国の大気汚染や粒子状物質の排出の重要な原因となっている。たとえば、インドでは再生可能エネルギーへの転換を目指す政策をとっているにもかかわらず、エネルギーミックスでは、石炭（総エネルギー需要の44％）、石油（25％）、バイオマス（13％）が最も重要な位置を占めており、国内の大気質が悪化するリスクを高めている。さらに、インドネシア、フィリピン、ベトナムなどの東南アジア諸国は、エネ

図６－８　2017年の大気汚染による死亡率

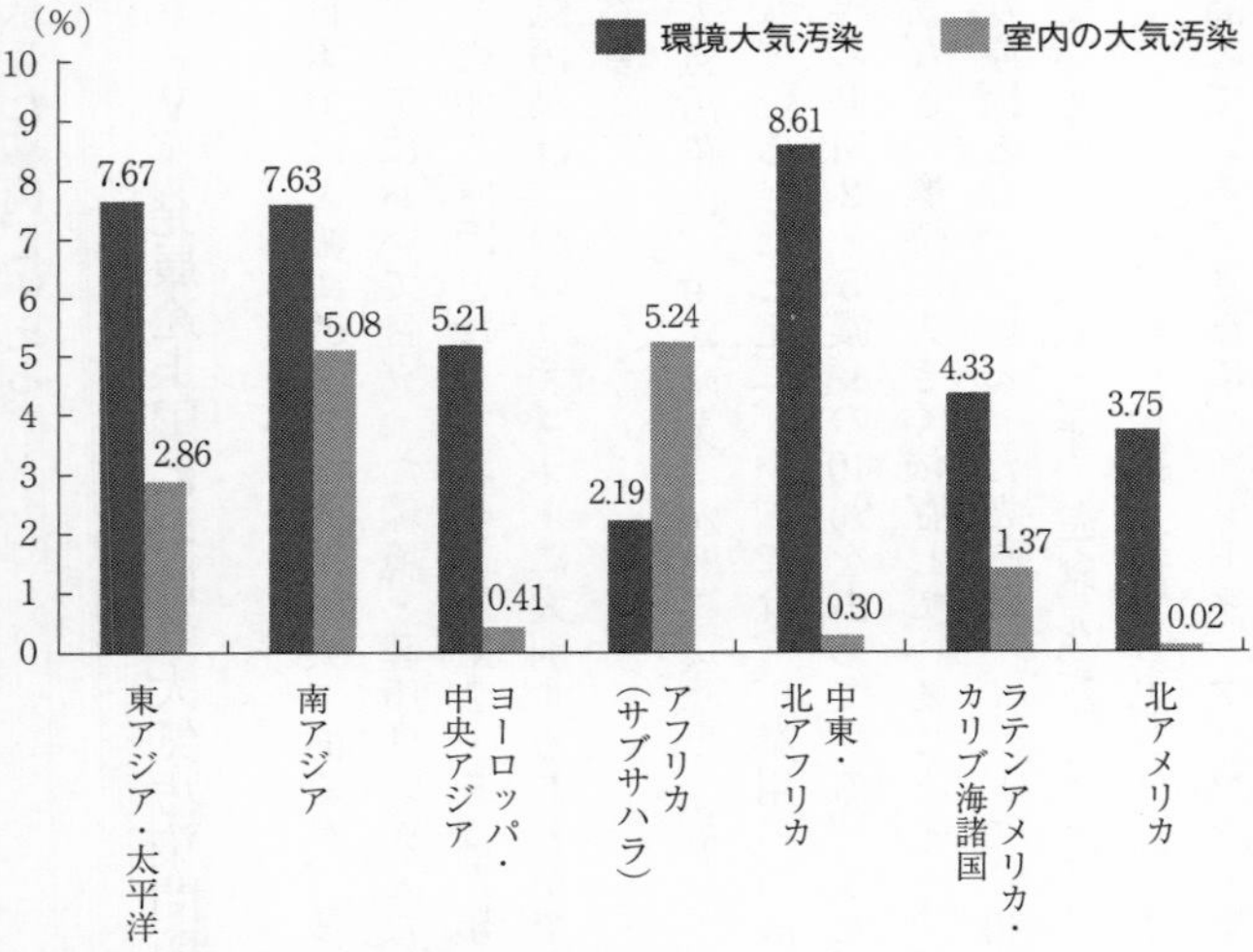


出所：H. Ritchie and M. Roser (2019)

ルギー需要を満たすために石炭火力発電所に依存しつづけている。アジア諸国では、東アジア・太平洋地域と南アジア地域に属する国々が、最も環境大気汚染に苦しんでいる（図６－８）。とくに、インドと中国には、世界で最も汚染された都市がいくつかある。インドのニューデリーやアーメダバード、中国の石《せっ》家《か》荘《そう》といった都市におけるＰＭ２・５の年間平均曝露量は、世界保健機関（ＷＨＯ）のガイドラインである１立方メートルあたり年間平均10マイクログラムの10倍以上となっている。

　自動車からの大気汚染を減らす努力が行われているにもかかわらず、非効率なディーゼル車や２サイクルエンジンの使用が続いていることにより、窒素酸化物や粒子状物質が排出されている。それ以外でも、そもそもの道路の交通容量が一定であるにもかかわらず自動車の数が増えることで日常的な交通渋滞が発生し、都市における大気汚染の原因となっている。これは交通渋滞により、キロメートルあたりの汚染物質排出がより多くなるからである。

これらの途上国の問題はどのように解決できるだろうか。日本が実施したような汚染物質への賦課金を導入するのも有効な施策であろう。また、工場や発電所を対象とするのであれば、排出量取引制度なども有効な政策になりうるだろう。実際に、中国では気候変動対策として二酸化炭素の排出量取引制度が導入された（第７章）。中国の北京では、制度の導入によって大気汚染が大幅に改善したとされる。中国の排出量取引制度は石炭利用を減らすことに寄与するものであり、二酸化炭素削減と大気汚染改善の両方に貢献できる。気候変動政策と大気汚染政策に補完性がある場合に政策が導入されやすく、効果も発揮しやすいといえる。

日本の経験と異なるのは、電気自動車や燃料電池車などの次世代型自動車の存在である。自動車からの排気ガスを抑制する手段として、これらの次世代型自動車の普及は有力な手段である。電気で走る電気自動車は走行時に汚染物質を出さない。水素を燃やす燃料電池車も同様である。電気を再生可能エネルギーで発電すれば、二酸化炭素も排出しない。電気自動車をうまく使えば、大気汚染政策にもなるし、地球温暖化対策にもなる。電気自動車へのシフトが急速に起きているのは、電気自動車のもつこのような一挙両得な側面も大きいといえるだろう。

## Ⅵ　もう一つの大気汚染――途上国の室内空気汚染

もう一つ、途上国で忘れてはならないのは、室内空気汚染の問題である。2016年に発表された国際エネルギー機関（IEA）のワールド・エネルギー・アウトルックの特別報告書「エネルギーと大気汚染」でも、この室内空気汚染問題が、産業部門に起因する大気汚染と同様に、深刻な問題として取り上げられている。

室内空気汚染とはどのようなものであろうか。アジアやアフリカの一部の国では、農村地域の住民が、調理や暖房に薪《まき》や牛糞《ぎゅうふん》などの固形燃料を使うことが多い。これらの固形燃料を非効率な調理用ストーブで不完全に燃焼させると、室内の粒子状物質の濃度が上がり、呼吸器系の健康被害が発生する。ひいては、早期死亡につながるとして問題視されている。室内の照明に、ろうそくや灯油ランプを用いることも、同様の問題を引き起こす。

憂慮すべきことに、アジアの発展途上国のキッチンでは、空気中の汚染の濃度が環境基準を超えていることが多いのである。たとえば、固形燃料を使用しているインドのキッチンにおける24時間平均のPM2・5濃度は609㎎／㎥であるという研究報告がある。同様の研究結果は、バングラデシュ、中国でも、それぞれ観測されている。これは「タバコを一時に400本燃やすようなものだ」（カーク・スミス教授）という指摘もある。WHOによると、家庭の室内空気汚染について憂慮すべき健康への影響があるにもかかわらず、世界では約30億人が家庭のエネルギー需要を満たすために汚染源となる調理用燃料に依存しつづけている。そして、その大半はインドと中国に居住しているといわれている。さらに、世界の約28億世帯（そのうち5億世帯は都市部）にとっては、市販のクリーンな燃料が高価であったり、供給が不安定であったりする。これらの理由により、クリーンな燃料を使用する動機が弱い。IEAによると、政策介入による劇的な変化がなければ、途上国では2030年まで汚染源となる調理用燃料に頼る人数はほぼ変わらないと予想されている。

IEAによると、室内空気汚染の問題は改善傾向にあり、被害は減少傾向にあるが、それでも300万人以上の人がこの問題で早期死亡していると考えられている。サハラ砂漠以南のサブサハラアフリカだけでも、50万人の早期死亡が発生していると考えられている。同報告書の予測だと2040年時点でも、36万人の早期死亡が予想されている。

この問題を解決する一つの方法として、改良型かまどが挙げられる。伝統的なかまどと異なり、使用する薪の燃料を半分にできるという。しかし、IEAの特別レポートによると、改良型かまどが導入されても、PM2・5の原因となり、根本的な問題解決にはならないとされている。

もう一つの解決方法は、電化である。しかし、送電網が充実していない発展途上国、とくに農村部では、なかなかそうはいかない。太陽光の充電光で明かりがつくソーラーランタンも普及しつつあるが、出力が弱く調理まではむずかしい。また、仮に電化されていても、薪で調理したほうがおいしいと考える人もいるため、電化に抵抗感を覚える人も多い。調理における薪利用の問題は室内空気汚染だけではない。薪の伐採が計画的に行われないので、森林破壊につながることも多い。また、薪を採るのは女性や子どもの仕事であり、重労働を課されることも多く、時間をとられる。そのため、女性の社会進出の阻害要因にもなっている。環境、健康だけではなく、ジェンダーの視点からも室内空気汚染の問題は解決されるべきなのである。

「持続可能な開発目標（ＳＤＧｓ）」では、17の目標が掲げられている。これには、安価なクリーンエネルギーの普及やジェンダーの不平等の解決も含まれている。薪利用からクリーンエネルギーへ転換することは、室内空気汚染の解決だけではなく、ＳＤＧｓの多くの目標の達成にも貢献できるのである。



※1　ＯＥＣＤ（２０１４）
※2　環境再生保全機構ホームページ
※3　「日本の大気汚染経験：持続可能な開発への挑戦」日本の大気汚染経験検討委員会編（１９９７）公害健康被害補償予防協会
※4　有村・岩田（２０１１）

# 第7章　気候変動とカーボンプライシング

## I　問題の現状と課題

### 科学的側面――顕在化しつつある気候変動

近年日本を見舞う台風や大雨の被害や、毎年のように来る猛暑、そしてスキー場を見舞う雪不足と、気候変動の顕在化を感じさせる事象は枚挙にいとまがない。2020年8月17日には静岡県浜松《はままつ》市で、41・1度の歴代最高気温を出した。これは2018年の埼玉県熊谷《くまがや》市の記録に並ぶものであるが、ここ数年40度近い高温が日本でも観測されることが増えた。また、世界を見渡しても、欧州の猛暑、アマゾン、カリフォルニア、そしてオーストラリアの森林火災など、気候変動が関与していると考えられる自然現象が多発している。

気候変動は、「地球温暖化問題」として、1980年代になって国際的に注目されはじめた。早くも1988年には、国連環境計画（UNEP）と世界気象機関（WMO）の共催会議で**「気候変動に関する政府間パネル**（IPCC）」が設立された。そして、1992年にリオデジャネイロで開かれた地球サミットにおいて気候変動枠組み条約が採択された。その後、1997年のいわゆる**京都会議**（COP3）をはじめ、毎年、COP（**気候変動枠組み条約締約国会議**）が開催されている。2015年にフランスで開かれたCOP21はエポックメイキングな会議となり、「**パリ協定**」が合意された。現在、世界はこの協定にもとづき、気候変動対策に取り組んでいる。

地球温暖化とは自然科学的にはどのような現象であろうか？　詳しくは、専門書等に譲るとして、ここではごく簡単に説明しよう。

地球は太陽からの多くのエネルギーを受け、また、同時にエネルギーを放出している。ただし、全エネルギーが地球から放出されるわけではなく、ある種の気体は、宇宙からくる紫外線など短い波長の光を通過させ、地球から放出される赤外線など長い波長の光を吸収する。その結果、熱をもった気体が地球にとどまり、温室のような効果をもたらす。これが温室効果ガスと呼ばれるもので、二酸化炭素、メタンガス、亜酸化窒素、そしてフロンガスや代替フロンであるハイドロフルオロカーボン（HFC）等が、それにあたる。受けるエネルギーと放出するエネルギーのバランスが取れていれば、地球の温度はおよそ一定になる。しかし、工業化以降、温室効果ガスが増加し、このバランスが崩れてきていると、ＩＰＣＣの報告書が警告している。

ここではまず、世界に衝撃を与えたＩＰＣＣの「１・５度特別報告書」（２０１８）の内容を紹介しよう。この報告書は工業化前の気温から上昇幅を2度に抑えるだけでは気候変動にともなうさまざまなリスクを抑えることは不可能であり、１・５度以下に抑えることの重要性を訴えた。そのためには、それまで目指していた二酸化炭素排出削減だけでは不充分であり、二酸化炭素を排出しない経済、脱炭素社会を目指すべきだとしている。

さらに、ＩＰＣＣの「第6次評価報告書」（２０２１）では、次のことが示された。まず地球の温暖化はすでに顕在化しており、世界の平均地上気温は、工業化前と比べて２０１１～２０２０年までに１・09度程度上昇している。そして人間の影響によって地球が温暖化してきたことを「疑う余地がない」という極めて強い表現で指摘している。また温室効果ガスの排出についていくつかのシナリオを用いて将来の温暖化を予測している。２０５０年頃まで現在の各国の排出目標に近い二酸化炭素排出量で、その後減少するというシナリオでは、今世紀中には温度上昇が2度を超える可能性が「極めて高い」としている。世界気象機関によると、２０２０年の世界平均気温は工業化以前にくらべ、１・２度上昇し、観測史上最高に暑い年であった。２０１６年に過去最高を記録したばかりであり、地球の温暖化が進んでいることを示している。

このような気温の上昇は、その他の気候の変動ももたらす。まず、海洋の温暖化が、とくに海面付近で進む。気象庁によれば、世界全体では１８９１～２０１２年の１００年の間で海面水温は0・51度上昇している。しかし、日本近海においては、上昇率は1度を超えており、世界平均を大幅に超えた影響を受けている。

海洋の温暖化により、海水の膨張や、極地の氷の融解も起きている。IPCCの「第6次評価報告書」によれば、北極域の海氷は1979年からの10年間と、2010年からの10年間を9月時点で比較すると、40%と大きく減少し、その主要な要因は人間活動にあるとしている。また2012年7月には、グリーンランドの氷床表面が全面的に融けて大きなニュースとなった。

また海面水位の上昇も起きている。1901年から2018年の間に、世界の平均海面水位は20cm上昇した。2050年頃まで現在と同じ二酸化炭素排出量でその後減少するというシナリオでは、2100年までに、(1995～2014年にくらべ)海面は44～77cm上昇するとしている。

では、温室効果ガスはどの程度増加したのであろうか? IPCCの「第6次評価報告書」によれば、石油や石炭等の化石燃料を燃やして発生する二酸化炭素は、2019年の濃度は410ppmであり、工業化前にくらべて約47%の増加となっている。同じく温室効果ガスであるメタン($CH_4$)や一酸化二窒素($N_2O$)も、工業化前にくらべてそれぞれ156%、23%増加したとされている。また、エアコンの冷媒に用いられるフロンガスや代替フロンであるハイドロフルオロカーボン(HFC)は、人工的な物質であるため、工業化以前にはまったくなかった。

図7－1　2019年国別二酸化炭素排出割合

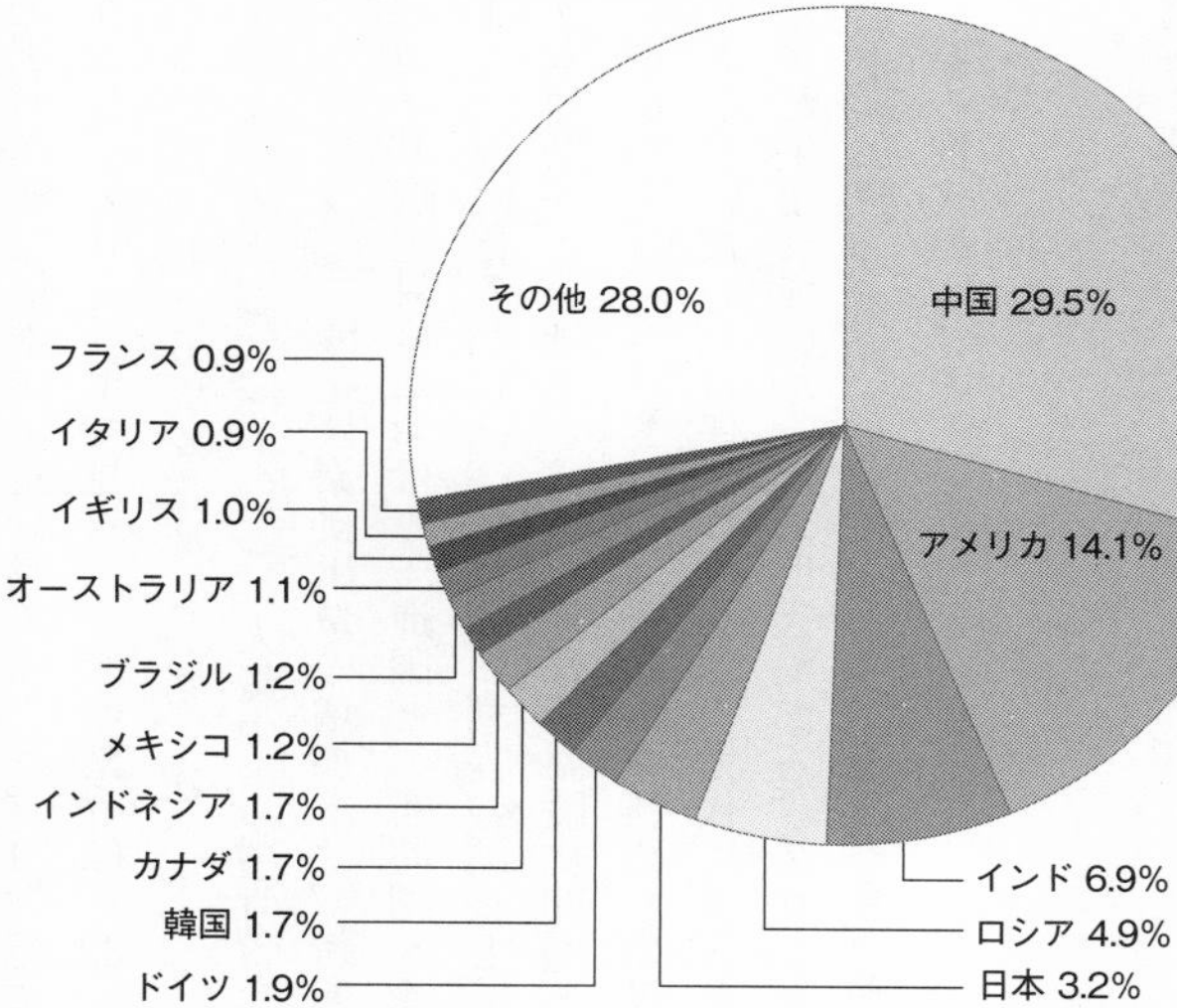


出所：EDMCエネルギー・経済統計要覧　2022年版

工業化以降の温暖化についてガスの種類別に影響度を見ると、二酸化炭素が63・7%、メタンが19・2%、一酸化二窒素が5%、フロンガス（クロロフルオロカーボン〔CFC〕およびハイドロクロロフルオロカーボン〔HCFC〕）が10・2%となっている。日本で排出される温室効果ガスについては、2018年度を例にとって見てみると、二酸化炭素が91・7%と圧倒的に大きい。日本では、化石燃料の消費にくらべ、森林から牧草地への転換など土地利用の変化がそれほど大きくないからである。そのため、二酸化炭素の排出をどう削減・抑制すべきかが、国内での大きな課題となっている。

国別の二酸化炭素排出量を見てみよう。21世紀に入り、米国を抜き中国が世界最大の排出国となった。２０１８年で見ると、その割合は、29・5％となっている。米国が14・1％であり、この２ヵ国で43・6％を占めている。[※1]次いで、インド6・9％、ロシア4・9％、日本3・2％となっている（図7－1）。大気中の温室効果ガスの蓄積を考えると先進国の責任は大きい。いっぽう、二酸化炭素排出量の増加率は、新興国・途上国において、より著しい。このことが地球温暖化対策における先進国と、新興国・途上国の対立の原因となっている。

また、温暖化の問題は、世代間の利害の調整というむずかしい問題を抱えている。原因となる温室効果ガスを排出しても、それが温暖化問題として顕在化するまでに時間がかかるのである。逆にいえば、今すぐに温室効果ガス排出を削減しても、すぐに温暖化問題が解決されるということではない。責任はこれまでの世代にあるが、大きな被害を受けるのは若い世代、さらにはまだ生まれていない将来世代である。２０１９年に世界的な現象となったスウェーデンの高校生（当時）、グレタ・トゥーンベリの抗議活動は、若者の危機感を表しており、社会の実権を握る世代の人びととの対立を象徴していた。我々は、将来世代に対して、重大な責務を負っているのである。

**被害と課題**

地球の温暖化はさまざまな影響をもたらすことが予想されている。ただし、その影響は全世界で一様であるわけではない。被害はすでに世界中で顕在化しつつある。IPCCの第6次評価報告書などにもとづいて、それぞれの側面から温暖化への影響について概観しよう。

はじめに気温上昇による直接的な健康被害が指摘できる。もともと夏の暑さが穏やかな欧州では、家庭にエアコンがないことが多い。そのため、猛暑に襲われると死者が出ることが珍しくない。2019年の欧州では、熱波が襲い、パリで42・6度を記録した。これは70年ぶりの最高気温の記録更新であり、欧州中で多数の死者を出した。日本でも気温上昇が顕著である。2020年までの過去100年の平均気温上昇が、世界では100年あたり0・75度であったのに、日本では1・26度上昇したとされており、猛暑がさまざまな被害をもたらしている。実際、最高気温が35度を超える猛暑日が増え、夏になると、熱中症による救急患者の増加や、死亡者が大きなニュースになってきた。

次に、海水面の上昇が挙げられる。温暖化による温度上昇が、極地の氷の減少をもたらす。その結果、海水面が上昇し、多くの沿岸地域において高潮・洪水が増加し、湿地やマングローブ林が影響を受ける。島嶼国《とうしょこく》や低地での被害は深刻である。島嶼国のツバルは国土が消滅する危機があるとして、国際的な注目を集めた。日本でも海面が59㎝上昇すると、東京湾、伊勢湾《いせわん》、大阪湾のゼロメートル地帯の面積が5割増大すると予想されている。

災害の増加も心配されている。温暖化により地域によっては、集中豪雨の規模や頻度が増加するであろう。その結果、洪水の規模が拡大したり、頻度が増加したりする可能性や、降水パターンや台風の進路の変化も予想されてきた。日本では１８９８年から統計を取りはじめているが、降水量の変動は、年々大きくなっているし、短時間での強雨も増えている。実際にここ数年、今まで台風の直撃を受けなかった地域に台風が直撃し、洪水が頻発している。集中豪雨も、程度や頻度が激しくなってきており、それにともなう洪水も多発している。毎年のように日本列島のどこかで洪水被害が発生している。２０１８年の水害被害額は、全国で約１兆３５００億円となった。そのうち、２０１８年７月豪雨の被害額は１兆円を超え、単一被害としては、統計開始以来、最大のものとなった。かつては、気温の上昇、いわゆる、地球温暖化問題に焦点が当たってきたが、今では、より広範な「気候変動」のほうが、実態に即しているといえるだろう。

食糧危機も懸念されている。二酸化炭素の増加は植物の生長を促進するが、それ以上に過度の高温や旱魃《かんばつ》による被害が生じると予測されている。世界全体としては食糧の需給はバランスがとれると考えられているが、急激な気候変化に合わせて農業生産を適応させなければならず、そのために大きな費用が必要とされる。また、飢餓の増加を予測する研究もあり、アフリカでの食糧安全保障を悪化させる可能性が指摘されている。日本では米の品質低下が頻発すると報告されている。

生態系への影響も深刻である。植生が急激な気候変化に対応できず、生態系の破壊が予想される。また、野生生物も急激な気候変化と植生の変化に影響を受ける。その結果、絶滅の危機に瀕《ひん》するといわれる種が、実際に絶滅してしまう割合が増加することになる。海水温の上昇により、サンゴが死に、白化する現象も起きている。

健康への影響も危惧される。気候変化にともない、マラリアやデング熱等が発生する可能性が拡大する。もちろん、これらの感染症被害は予防や対策によって減少させることはできるが、そのための費用は無視できないであろう。実際、日本でも2014年にデング熱の症例が報告された。1940年代以降、日本では症例がなかったものであり、大きなニュースとなった。

居住への直接の影響も心配されているし、経済活動への被害も予想されている。気候変化によって増加する洪水や土砂災害によって、住居にも被害が生じる。治水設備の整備されていない地域では深刻な影響が懸念される。沿岸地域や低地においては、社会基盤への大きな被害が予想される。農林水産業等、天候に大きく影響される産業に依存度が高い地域での、マクロ経済全体への影響も無視できないであろう。

エネルギー需要に関しては、温暖化の影響は明らかになっていない。冷房のためのエネルギー需要が増加する一方で、暖房のためのエネルギー需要は減少するからである。

保険等の金融部門への影響も必至である。気候変動は、保険のリスク評価における不確実性を増加させ、保険料の上昇につながるかもしれない。また、極端な気象現象が被害をもたらせば、政府による補償が増加するかもしれないし、リスクを充分に分散していない損害保険会社は利益の減少や、倒産が増加するかもしれない。日本国内でも自然災害の増加にともない、災害保険の支払いが増加し、2018年度は1・6兆円となり、過去最高となった。

以上のように、気候変動による自然災害、健康被害は現実のものになってきている。それでは、人類は、この問題にどのように対処してきたのだろうか？ 気候変動への対策は、大きく2種類に分けられる。原因物質である空気中の温室効果ガスを減らす「**緩和**」と、すでに起こった現象に対応する「**適応**」である。緩和は1997年の京都議定書以降、温室効果ガスの排出の抑制が最大の関心事項であった。このための政策手段としてのカーボンプライシングについては次節以降で紹介する。

緩和に加えて、排出された温室効果ガスを吸収する取り組みも行われている。発電や鉄鋼生産で発生する二酸化炭素を回収して、地下や海洋に埋める回収貯留技術（CCS：Carbondioxide Capture and Storage）が、一つの方法である。EOR（Enhanced Oil Recovery）という石油を採掘するタイプのCCSは多数実施されているが、純粋に二酸化炭素を埋める技術の実施はまだ少ない。今では、単に二酸化炭素を吸収するだけではなく、回収した二酸化炭素をリサイクルして再利用するCCUS（Carbondioxide Capture, Utilization and Storage）に期待が集まっている。回収した二酸化炭素をセメントなどの素材として再利用することや、再生可能エネルギーで製造された水素と反応させて、メタンやエタノールなどを製造することなどが考えられる。

また、最大の温室効果ガスである二酸化炭素を、森林によって吸収するということも考えられていて、実施が進みつつある。森林は成長する過程で多くの二酸化炭素を吸収し、森林がそこにあるかぎり、二酸化炭素をそこに固定化する。もちろん、その森林を伐採して利用すれば、その木材が最終的には焼却され、二酸化炭素を放出してしまう。つまり、植林を行い、その森林を保存しているかぎり二酸化炭素は森林に固定化することができるのである。このため、植林による二酸化炭素の固定化が、温暖化の抑制につながるのである。逆に、森林の伐採は二酸化炭素の放出につながり、温暖化の促進につながる。アマゾンやインドネシアでの熱帯雨林の破壊が、遺伝子資源の喪失や原住民の権利の侵害と並び、温暖化を促進する問題として報道されているのを記憶されている人もいるだろう。国際的には「森林減少・劣化からの温室効果ガス排出削減」（ＲＥＤＤ：Reducing Emissions from Deforestation and forest Degradation）という、森林伐採、破壊、あるいは、劣化を避けて、二酸化炭素の排出を抑制しようという仕組みが考えられている。

もう一つ究極の技術として、ジオエンジニアリングという地球規模で影響を及ぼす技術を気候変動問題の解決に利用する方法も研究されている。たとえば、成層圏へのエアロゾル噴射が考えられている。これは大気中の成層圏に塵《ちり》をまき、太陽光の進入を減らすことにより、温暖化を止めようという方法である。最終手段としての研究が行われているが、副作用が懸念されており、実現可能性は未知数である。先ほど紹介したＣＣＳもジオエンジニアリングの一つである。

また、空気中の二酸化炭素を直接回収して固定するDirect Air Capture（DAC）という新しい技術も注目を集めており、研究開発が進められている。

さらに、気候変動の被害が避けられなくなった今、被害を予防したり、対処したりする適応の重要性も徐々に増してきている。適応はコラムに譲るとして、本章では緩和を中心に説明する。

## コラム　気候変動の適応策：気候変動リスクに強い農業を作るためには

気候変動は農業への影響を通じて、私たちの食生活に大きな影響を及ぼす。たとえば、気温上昇は高気温地域では、作物の収量を減少させる一方、低気温地域では収量を増加させる。台風の頻度やその規模が大きくなると深刻な水害が生じ、農作物の生産が減少する。

気候変動の被害を緩和させるための対策を適応策[※2]という。たとえば、高温に強い品種開発や高気温を適温とする作物への転換は適応策の一つである。

気温は平均的には年々上昇するものの、気温や降水量は毎年変動し、高気温や多雨の年もあれば低気温や少雨の年もある。このため、高温障害の被害や水害を被る年もあれば、そうでない年もある。このような場合、たとえば、予想した高気温以上に気温が上昇すれば、当初の気温の想定に適する作物を栽培すると、被害を充分に避けることができない。逆に、もし低気温が生じた場合には、低気温に適する作物を栽培することで得られたはずの利益を失う。このように、短期的な気象の変動は、被害額に変動をもたらす。このため、短期的に被害の変動（リスク）を減らすことも重要な適応策となる。たとえば、栽培地域を分散すれば気候変動の被害のリスクを減らすことができる。異なる適温を持つ作物（高温に適した作物や通常の気温に適した作物）を複数栽培することで、異常気象（気温の変動）による農業収入の変動リスクを減らすことができる。高気温や水害のリスクを小さくするために、異なる時期に分散して栽培することもリスクの低減に役立つ。しかし、このような適応策は、規模の大きい農家には可能であっても、小規模農家にはむずかしいかもしれない。

ロボット・ICTなどの先端技術を用いたスマート農業もリスクの制御に役立つ。しかし、スマート農業を行うのは、主に大規模農家や若い世代の農家であろう。なぜなら、技術や設備導入には固定費用がかかるため、小規模農家ではペイしないし、高齢の場合、技術の修得が容易でないからだ。さらに、後継者がいない場合、苦労して技術や設備を導入するメリットは小さくなる。

現在の日本の農業は、兼業農家および小規模農家が多く、後継者不足と高齢化の問題に直面しているため、適応策の実施が困難なケースがあるかもしれない。このため、大規模農家の参入を促し、農業の収益性を高めることで、若い世代の農業への参入を推進し、兼業農家比率を低めることによって、リスクに強い農業を構築することが重要な農業政策となる。

加えて、天候デリバティブや災害保険を積極的に活用することで、気候変動によるリスクを減らすことができる。その際のポイントは、異なる農家(異なる地域に立地する農家も含め)が協力をして、グループ全体で立地や栽培作物を多様化したり、スマート農業導入の協力体制を構築することだ。これらの工夫で、グループ内の保険料を引き下げるような保険商品を開発すれば(また、政府がそのような保険商品の保険料に補助金を与えれば)、小規模農家であっても適応策を実施することができる。農業全体をリスク低減型に誘導するための制度的な仕組みの導入も、適応策を推進するために重要な課題である。(日引)

## II　地球温暖化対策の国際的な進展

気候変動はグローバルな問題である。そのため、国際的な取り組みがなければ対処できない。ここでは、国際社会がどのように気候変動に取り組んできたかを紹介する。

## 京都議定書からパリ協定へ

世界が最初に排出削減に取り組んだのが京都議定書である。1997年に、気候変動枠組条約第3回締約国会議（COP3）が京都で開かれた。各国の政府代表団、NGOや報道陣等、参加者が約9850人に及ぶ大規模な国際会議であった。これが、いわゆる京都会議であり、このとき、京都議定書が作られた。ここで、先進国の温室効果ガスの削減目標が決定した。1990年を基準年として、2008年から2012年の間に、1990年比で平均5・2％削減するというものである。ただし、削減目標は国別に決められ、日本は6％、米国は7％、EUは8％削減となった。対象ガスは、二酸化炭素、メタン、一酸化二窒素、ハイドロフルオロカーボン（HFC）、パーフルオロカーボン（PFC）、六フッ化硫黄（SF6）であった。

しかし、経済が成長するなかで、すべての削減義務国がこの削減目標を達成するのは容易ではない。そこで、削減目標を補完するために、共同実施、排出量取引、**クリーン開発メカニズム**（**CDM**：**Clean Development Mechanism**）といった柔軟措置が議定書に取り入れられた。これらの柔軟措置は、経済的なメカニズムを利用して、対策費用を抑えながら、削減目標を達成しようという画期的なものであった。なかでも、CDMと国家間の排出量取引が注目を集めた。

クリーン開発メカニズムとは、先進国が途上国に対し資金および技術面の協力を行い、温室効果ガス排出削減・吸収のプロジェクトを途上国で実施するというものである。投資した国は、その見返りに排出削減分だけ、自国の温室効果ガスを排出削減したものとして扱われるのである。ただし、プロジェクトは途上国の持続可能な開発を実現するものでなければならない。その意味において、「クリーン」開発メカニズムと呼ばれたのである。また、クリーン開発メカニズムのための資金は、従来のＯＤＡを転用するのではなく、民間からも含めて、追加的な資金が供給された。

もう一つの柔軟措置は排出量取引である。この制度は、排出枠が定められている先進国の間で排出枠の取引を認める制度である。排出する権利の売買を行う排出権取引を実現しようとする制度と考えられ、第３章で説明したように、温暖化対策のための費用を削減できる合理的な制度である。

京都議定書は、世界が気候変動に取り組む最初の契機として、大きな貢献をしたといえよう。しかし、いくつか課題があった。京都議定書の大きな特徴は「共通だが差異ある責任」にもとづくことである。温室効果ガスはどこの国も出すので、先進国、途上国とも責任をもつ。しかし、気候変動の大きな要因をそれまで作ってきたのは先進国である。だから、まずは先進国から削減に取り組もうということである。しかし、「**共通だが差異ある責任**」に対する疑義は世界のあちらこちらで問題になることとなった。とくに、２００１年の米国・ブッシュ政権の京都議定書離脱は大きなショックを与えた。京都議定書の生みの親である日本ですら、京都議定書の第二約束期間（２０１３〜２０２０年）には不参加になった。

もう一つの京都議定書の特徴は、トップダウン型と呼ばれるものである。先進各国に削減義務が与えられた。この方式にいくつかの国が不満をもった。この目標設定に対する不公平感は、後々の国際交渉に影響を与えることとなった。

これら京都議定書の欠点を踏まえて、新たに出来上がったのが、COP21で提案されたパリ協定である。パリのCOP21には、世界196ヵ国・地域が参加し、2020年以降の国際的な枠組みを決定した。

パリ協定の第1の特徴は、IPCCの第5次評価報告書の科学的な知見にもとづき、地球の気温上昇を工業化以前にくらべて2度に抑制しようという「2度目標」の取り組みである。その後、先述の「1・5度特別報告」がIPCCから出され、今後の急激な気候の変化を避けるためには、温度上昇を1・5度未満にしようという雰囲気も高まった。

パリ協定には、2度目標のほか、いくつか特徴がある。まず、京都議定書と異なり、先進国だけではなく発展途上国も排出量削減に向けた取り組みが要求されていることである。中国をはじめとした新興国での温室効果ガスの排出増加は著しく、途上国での取り組みなしでは温暖化対策として効果が充分ではないのである。

さらに、各国は**NDC**（国が決定する貢献）という自国の取り組みをみずから決め、それを他国からレビューしてもらう仕組みになっている。京都議定書のようなトップダウン式な削減目標を課されるのでは、途上国は参加がむずかしい。そこで、自主的に排出削減目標や取り組みを決めてもらい、それを国際社会がレビューする方式になっている。

2015年には、日本は、2030年までに、2013年度比で26%削減することを宣言した。しかし、1・5度特別報告書や第6次報告書なども踏まえて、削減目標を強化することとなった。

2021年にグラスゴーで開催されたCOP26では、日本は、2050年までに**カーボンニュートラル**を達成することに加えて、2030年までに、2013年度比で46%削減することを宣言した。

## クリーン開発メカニズムから二国間クレジットへ

京都議定書では各国の削減目標とともに、CDMが注目を集めた。日本企業も、鉄鋼業界、電力業界を中心に中国、インドなどに多くの投資を行った。実際、電力業界は2億トン以上の削減に貢献した。

これまでに多くの国・地域において、多様な削減プロジェクトがCDMとして実施されてきた。2021年1月時点において、登録された件数は1万2507件（累積値）となり、予測される2030年までの削減量も約228億$t-CO_2$（累積値）となった。[※3]

しかし、CDMにはいくつかの課題も指摘されてきた。第1に、プロジェクトの審査・登録と削減クレジット発行に、多くの時間と労力を要することだ。厳格な審査・認証を受ける必要

図7－2　CDMプロジェクトのホスト国の割合

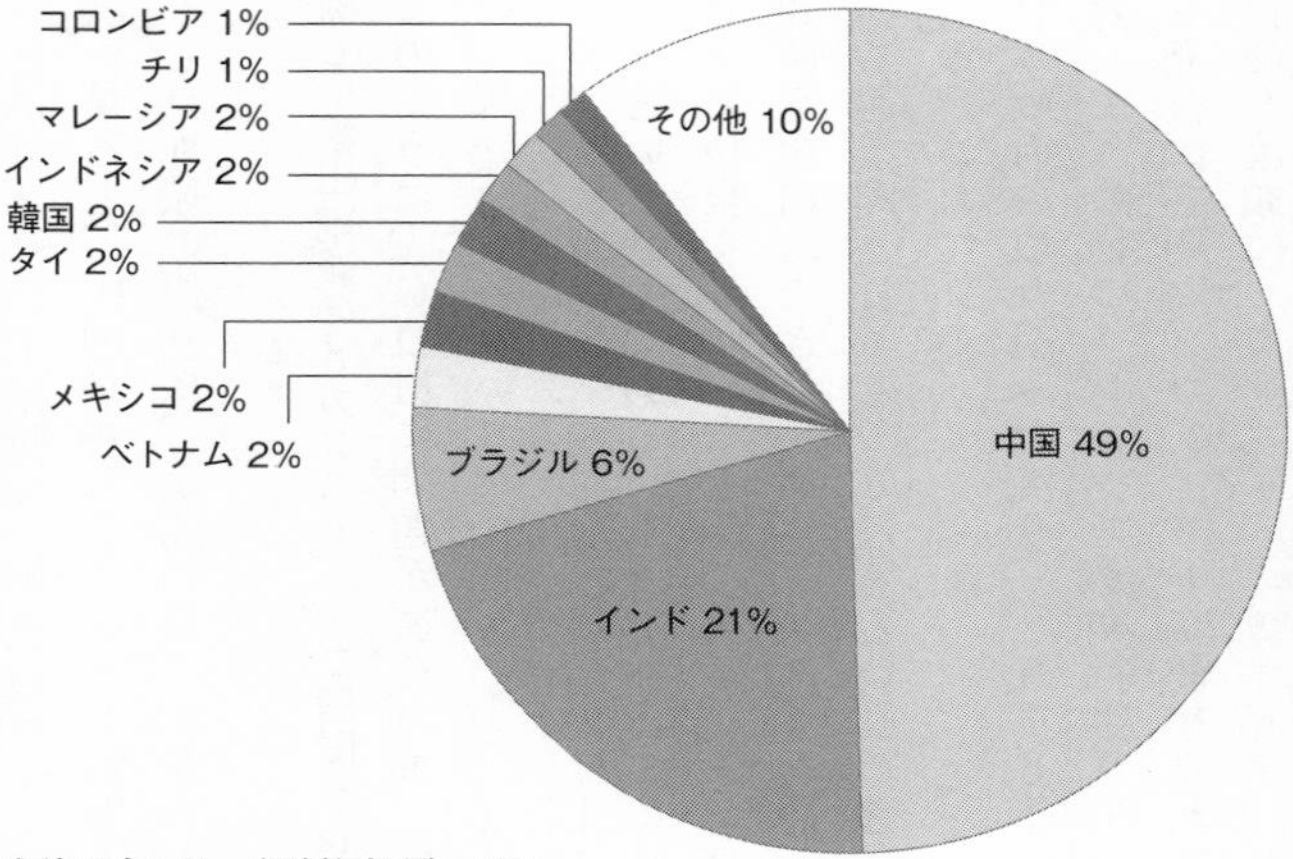


出所：エネルギー・経済統計要覧　2022
資料：IGES「CDMプロジェクトデータベース」

があるため、提出から登録までの手続きに長時間を要し、さらにモニタリングや追加性の実証等に労力を要することとなる。プロジェクト参加者である企業の取引費用を高め、参加企業数の減少といった問題を引き起こした可能性がある。

第2の課題は、プロジェクトの種類が限定的なことである。CDM理事会に登録されているプロジェクトをタイプ別に見ると、風力発電（25%）と水力発電（24%）だけで、全体のほぼ5割を占めていた。いっぽう、省エネルギー関連プロジェクトの割合は5%と少ないことがわかる。このように、日本が得意とする省エネ関連のプロジェクトが、CDMプロジェクトとして登録されにくいものとなっていた。

第3の課題は、地域の偏りであった。図

7－2には2021年時点での件数ベースでのCDMホスト国（事業実施国）の割合を示した。内訳を見ると、中国が49％、インドが21％となっており、この2国だけで約7割を占めている。こうした地域の偏りに、疑問の声が上がった。

## 新しい排出削減のメカニズム——二国間クレジット

このように、CDMに問題があると感じている日本の企業や政府関係者も少なくなかった。そこで提案されたのが、二国間クレジット制度（JCM：Joint Crediting Mechanism）である。この制度は、日本と二国間協定を結んだ国で、主に日本の技術を使って二酸化炭素を減らしていこうという制度である。国連を通さずに行うために取引費用が低く、また、日本企業の得意な省エネ技術を生かすことができる。モンゴルを皮切りに、2022年11月時点で25ヵ国と二国間協定を結んできた。[※4] プロジェクトを通して実現された排出削減のクレジットは、ホスト国である途上国と日本とで分けるということになっている。二国間クレジット制度の国内取引規定も策定されている。

日本政府の取り組みが実り、2016年には、インドネシアで行われた二つのプロジェクトに対して、最初のクレジットが発行されている。2020年8月時点で、多様な国で、クレジット発行に必要なプロジェクトが認められている。その数は、インドネシアで19件、ベトナムの11件を筆頭に、モンゴル、エチオピア、ケニア、カンボジア、タイ、バングラデシュ、モルディブ、ラオス、パラオ、サウジアラビアなど、多様な国で実施されている。

日本は温室効果ガスを2030年までに2013年度比46%削減という目標を掲げている。加えて、発展途上国において2030年までに5000万トンから1億トンの削減を行うということも目標としている。

### 京都議定書の達成

日本は、京都議定書の目標をどう達成したのだろうか。2008年から2012年までの第一約束期間の排出量は、さまざまな努力にもかかわらず、基準年から平均で1・4%増加してしまった。森林等の吸収源では3・9%減を達成したが、それでも削減目標には満たない。そこで、排出量取引を活用して目標を達成したのである。政府が取得した排出削減量（クレジット）が1・5%削減（合計9750万トン）、そして、民間部門による排出削減量が4・3%削減（合計2億7400万トン）と、合計では年間8・4%の削減を実現したのである。

### カーボンニュートラルの衝撃

IPCCの1・5度特別報告書、第6次報告書を踏まえ、世界各国が温室効果ガスの排出を実質ゼロにすることの重要性を認識していった。その結果、欧州は2019年12月に**カーボンニュートラル**（炭素中立）宣言をするに至った。カーボンニュートラルとは、排出と吸収量を一致させ、実質的に排出量をゼロにする、ということである。米国も2020年にバイデン大統領が誕生すると、2050年までに温室効果ガスの排出を実質ゼロにすること、そして2035年までに発電部門の排出をゼロにすることを宣言した。日本も当時の菅義偉《すがよしひで》首相が2050年にカーボンニュートラルを目指すことを宣言した。中国も2020年の国連総会で2060年までにカーボンニュートラルを達成することを表明した。ロシアも2060年、インドも2070年にカーボンニュートラルを達成することを目指している。2021年にイギリス・グラスゴーで開催されたCOP26では、この1・5度を目指すということが合意され、国際社会に大きなインパクトをもたらした。

日本の産業界も菅首相のカーボンニュートラルを、衝撃をもって受けとめた。さらに、2021年の気候サミットでは、日本は2030年までに排出量を46%削減することを宣言し、産業界は大きな変革が求められている。

## Ⅲ　カーボンプライシングと排出量抑制のメカニズム

カーボンニュートラルに向けて大きな注目を集めているのが、二酸化炭素に値段をつける**カーボンプライシング**である。カーボンニュートラル宣言をした菅首相は、その達成のためにカーボンプライシングを主要な政策手段として取り上げた。本節ではカーボンプライシングのメカニズムを紹介する。

### 温室効果ガスと化石燃料

地球温暖化の対策として、各国が取り組んできたのが、温室効果ガス排出の削減である。とくに化石燃料の燃焼から排出される二酸化炭素排出の削減が最重要課題として取り組まれてきた。

一口に化石燃料といっても、実は二酸化炭素の排出量には随分と差がある。同じ化石燃料でも、エネルギー単位あたりの二酸化炭素排出量は、ガスが一番低く、石油が次で、石炭が一番大きい（表7－1）。

日本のエネルギー起源の二酸化炭素排出量を2019年度で見ると、10億2900万トンであった。そのうち、工場などの産業部門が37・3％であるが、ビルや家庭などの民生部門が35・2％、運輸部門が20・0％、電気事業者等のエネルギー転換部門が8・4％となっている。大きいのは産業部門であるが、1990年から2019年にかけて20％減少している。運輸部門は1・0％の減少にとどまっている。しかし、民生部門で35・4％の伸びとなっている。同時期の産業部門では、自主的

**表7－1　化石燃料の単位エネルギーあたりの二酸化炭素排出係数**

| 化石燃料 | 二酸化炭素排出係数 |
|---|---|
| 石炭（無煙炭） | 1.122 |
| 石油（ガソリン） | 0.791 |
| 石油（灯油） | 0.821 |
| 天然ガス | 0.641 |

係数が大きいほど発熱量あたりの二酸化炭素の排出量が大きくなる
単位：tC/toe（炭素換算トン／石油換算トン）
出所：国際エネルギー機関

な取り組みの甲斐《かい》もあってか、伸び率は低い。民生という我々の生活に直接かかわるところでの対策の重要性が大きくなっていることがわかる。

## カーボンプライシング

温室効果ガスの排出原因は、膨大な種類の産業から、交通、我々の生活と多岐にわたる。そのため、規制的手段を使った二酸化炭素削減が非効率になることが予想される。そこで、第3章で説明したように、削減目標を最小の費用で達成できる経済的手段が重要である。温室効果ガスの排出削減のために、二酸化炭素に価格づけを行うカーボンプライシングが、主要な政策手段として注目されている。

カーボンプライシングは、第1章で紹介した**ピグー税**に着想を得ているが、完全なピグー税になるかどうかはわからない。ピグー税は、最適な二酸化炭素の排出水準を決め、その時点での限界外部不経済の金額だけ課税する。二酸化炭素の外部不経済を求めるべく、二酸化炭素の社会的費用（Social Cost of Carbon）の推計が行われてきたが、その正確な推計はむずかしい。したがって、実際には、外部不経済の一部を内部化する政策手段になっている可能性が高い。

二酸化炭素は、化石燃料の燃焼の副産物として発生する。カーボンプライシングはこの二酸化炭素の排出に価格づけするが、実際には、石油・石炭・天然ガス等の化石燃料中の炭素含有分に応じて、価格づけされることも多い。当然、カーボンプライシングは化石燃料の価格上昇を招くだろう。では、カーボンプライシングは我々の経済にどのように影響するのだろうか？

## 短期的削減効果

はじめに短期的な効果について説明しよう。化石燃料へカーボンプライシングを課せば、値段が上昇する。これらの影響は、日常生活における電気代、ガス代の上昇となって家計に表れるだろう。そこで、光熱費を節約するために、人びとの行動を変え、省エネルギーを促進するはずだ。たとえば、こまめに電気を消すようにするとか、冷房の設定温度を上げたり、暖房の設定温度を下げたりするような人が出てくる。さらに人びとの消費行動も変えるだろう。近年、電気代上昇にともない、多くの家庭でLEDが普及したのもその例だ。さらに、エアコン、冷蔵庫などで、省エネ型の家電の普及が進むと考えられる。

カーボンプライシングは交通手段の選択にも影響する。ガソリン価格が上昇すれば、今まで燃費のよくない車に乗っていた人も、ハイブリッド車などの燃費のよい低燃費車に乗り換えるだろう。さらに、ガソリンを使わない電気自動車へのシフトも加速される可能性があるだろう。電気自動車は、再生可能エネルギー由来の電気を使えば、走行時の二酸化炭素排出はゼロになる。

これまでマイカーを利用していた人も、バス・電車などの公共交通機関を利用するようになるかもしれない。あるいは、同じ方面の勤務先に行く友人が、1台の車で行くようになるかもしれない。カープーリングと呼ばれるこの方法は、ガソリン価格が上昇すると、米国ではよく見られる行動である。筆者が2008年に米国のワシントン郊外に住んでいたときも、このような変化を目にした。このようにすれば、二酸化炭素の排出は半減される。さらに、近所に車やバイクで移動していた人も自転車を使うようになるかもしれない。コロナ禍で普及の進んだシェアバイク（自転車シェアリング）なども、カーボンプライシングによって、さらに普及することがあるかもしれない。このような消費者のライフスタイルの変化が、化石燃料の消費の減少を通して、二酸化炭素排出の減少につながる。これもカーボンプライシングに期待される効果の一つである。

### コラム　再生可能エネルギー政策と課題

日本では、2012年7月、固定価格買取制度（以下、FIT制度と略称する）導入以降、再生可能エネルギー導入量が増加し、2020年度末では、制度開始前と比較して、その導入量は約4倍となっている。FIT制度は、再生可能エネルギーによって発電された電気を、東京電力などの電気事業者が、通常の電気料金より高い料金で買い取ることを義務付ける制度をいう。日本では、電気事業者は、買取費用を電気料金に賦課することによって回収することが認められているため、消費者は電気料金の上昇を通じて、再生可能エネルギーの費用を負担している。以下では、再生可能エネルギー政策において生じるいくつかの課題について説明しよう。

第一の問題は、消費と供給のマッチングの問題である。夏のように太陽光発電量の多い季節や、強い風力のために風力発電の発電量が充分な場合には、供給量が消費量を大幅に上回る。供給過剰の場合、発電機が設備損壊を回避するために、自動停止し、大規模停電が生じる。これを回避するには、再生可能エネルギーの受け入れをカットしなければならず、せっかく発電された電力が捨てられる。この問題は、再生可能エネルギーが集中的に立地する地域で起こりやすい。この問題を緩和するためには、再生可能エネルギー発電の立地を分散させるか、大型の蓄電池の導入を推進する必要がある。このような中、蓄電池の導入を推進するために、２０２２年度から特定の条件を満たした再生可能エネルギー事業者に対して、ＦＩＰ（Feed-in Premium）制度への移行が義務付けられるようになった。（詳細は後出のコラム：ＦＩＰ制度を参照）

第二の問題は、太陽光パネルの廃棄物処理問題である。太陽光パネルには有害化学物質が使用されているため、発電施設としての機能を終えた後、それが放置されたり、適切に処理されない場合、環境汚染のリスクが生じる。廃棄時の処理費用の負担を軽減することで放置や不適切処理を抑制するために、廃棄等費用積立制度が設立され、２０２２年７月から、事前に廃棄等費用を外部機関に積み立てる制度が運用されている。

最後の問題は、災害リスクを配慮した立地の問題である。太陽光発電施設が、豪雨の際の地滑りや土砂崩れなど、災害に脆弱《ぜいじゃく》な場所に立地した場合、災害リスクが増加する。しかし、そのような立地の回避を促す仕組みが充分整備されていなかった。このため、2020年4月より、出力10kW以上の太陽光発電設備については、自然災害や地震によって生じる被害に対して火災保険、地震保険等への加入が努力義務として課されるようになった。しかし、あくまでも努力義務であり、拘束力がないことが大きな課題である。保険加入の義務付けが重要な理由は、再生可能エネルギー事業者に、よりリスクの低い土地に設備を立地する誘因を与える点にある。これは、リスクの高い土地に立地すると、保険料が高くなるからである。保険加入への義務化は災害リスク回避の誘因を与える点において、重要な役割を果たす。

(日引)

### 中長期的な削減効果

カーボンプライシングは、エネルギーあたりの炭素含有量が大きい石炭の価格上昇が相対的に大きく、天然ガスでの価格上昇が小さくなる。この結果、石炭から石油、さらには天然ガスへと燃料転換を進めることが期待される。実際、英国では、カーボンプライスフロアというカーボンプライシングを導入し、電力部門での石炭から天然ガスへの大きな転換が進んだとされる。また、いわゆるシェールガス革命により、米国では天然ガス価格が下落し、石炭から天然ガスへの転換が進んだ。これも同様の価格効果である。

化石燃料以外のエネルギー導入を促進する効果も期待される。電気代やガス代が上昇すれば、太陽光発電の経済的な魅力が相対的に増すことになり、**再生可能エネルギー**の競争力が増す。現在では、**固定価格買取制度**（前出コラム）によって普及が促進された家庭の太陽光発電であるが、そういった補助策がなくても、カーボンプライシングの導入によって、太陽光パネルの設備を導入したいというところも出てくるだろう。２０１６年の小売部門の自由化以降、電力業界は競争が激しくなっている。カーボンプライシングは、再生可能エネルギーを主体とした電力会社の競争力をますます強くするだろう。

カーボンニュートラル宣言によって注目を集めているZero Energy House（ＺＥＨ）やZero Energy Building（ＺＥＢ）も、普及が期待される。ＺＥＨは、断熱性能の高い住宅に、太陽光発電を組み合わせて、住宅でのエネルギー利用を実質ゼロにして、二酸化炭素排出量をゼロにする住宅である。建設コストは高いが、電力消費の抑制や、家の中の温度差を抑制することで健康面でのメリットにも注目されている。こういった住宅の建設もカーボンプライシングが後押しするだろう。

化石燃料価格の上昇は、企業の省エネ投資を盛んにするだろう。省エネ投資が行われれば、生産量を減らさずに化石燃料の使用量を減らし、二酸化炭素の排出を削減できる。実際に、石油ショックを経験した日本企業では省エネ投資が盛んに行われ、日本のエネルギー効率性は大幅に上昇した。後述する東京都の排出量取引は、東日本大震災後の電気代上昇とあいまって、多くの節電投資を促進した。

カーボンプライシングはより長期の視点での企業の変化、研究開発投資の活性化にも期待ができる。カーボンプライシングが導入されれば、炭素排出の少ない設備や次世代自動車の需要が増加する。実際、それらを見込んで、そのようなエンジンや設備を開発するための投資が盛んに行われ、自動車の燃費は過去20年、飛躍的に向上した。今では、さらに進んで、水素を用いた燃料電池車や、電気自動車の開発が進んできている。今は、高価格が原因で普及が進んでいないが、カーボンプライシングが導入されれば、ガソリン自動車にくらべ、相対的に次世代自動車が魅力的になり、普及への後押しになる。そうすれば、生産量の増加による規模の効果が働き、生産コストの低下が早くなるという好循環が期待される。付随して燃料電池や電気自動車のバッテリーのさらなる開発が進み、実用化に向けた投資がさらに盛んになると期待される。

**水素エネルギー**は、二酸化炭素を出さない燃料として注目されているが、費用が高く、現状では普及していない。しかし、カーボンプライシングが導入されれば、相対的に競争力が強くなることが期待され、それを見越した企業の研究開発投資が活発になるだろう。水素が普及することを見込んで、供給するための水素ステーションの普及に向けた投資も進むだろう。

水素の導入は、エネルギー集約産業にも朗報である。水素がエネルギー源として競争力をもつようになれば、日本の温室効果ガス排出の10%以上を占める鉄鋼業も、石炭に代わって水素還元製鉄を実現できるかもしれない。石炭火力発電所でも、二酸化炭素を発生しない**アンモニア**の混焼に加えて、水素を直接燃焼する発電方式が活用されることが期待されている。これらの水素の活用は、カーボンプライシングによって促進されるだろう。

また化石燃料をあまり使用しないような産業が盛んになり、経済のデジタル化、グリーン化も期待できる。経済構造が大きく変わることにつながるだろう。

このように、技術開発を促進する効果がカーボンプライシングにはある。そして、経済的なシステムと技術開発は両輪となって補完しあい、効率的な温暖化対策となるのである。

### コラム　水素とアンモニアの色は何色か？

近年化石燃料に代わる燃料として水素が注目されている。水素は燃焼時に水を生成するが、化石燃料のように二酸化炭素を排出しないからである。しかし、現在主流となっている水素の製造法は、メタンなどの化石燃料を原材料としているため製造過程で二酸化炭素が発生してしまう。ただし、製造方法によっては二酸化炭素を減らすことが可能で、どの方法で作られたかによって水素を色分けした名称で呼ばれている。たとえば、先のメタンなどを使って作られた水素は、二酸化炭素が出るため「**グレー水素**」と呼ばれる。

二酸化炭素の排出を削減すべく、大きく二つの製造方法が考えられた。一つは、従来のとおり化石燃料を原料としながらも、製造時に発生する二酸化炭素を分離し、地下深部や海洋に貯留する、または再利用することで二酸化炭素の排出を抑える方法だ。この方法で作られたものは「**ブルー水素**」と呼ばれる。グレーよりは良い、あるいは「清浄化」の意味が込められているのかもしれない。

もう一つは、水の電気分解によって水素を製造する方法だ。こちらの製造法では水素のほかに発生するものは酸素のみで、二酸化炭素は発生しない。しかし電気分解を行うには電力が必要である。この電力も太陽光発電などの再生可能エネルギーを用いることにより、水素の製造過程全体で二酸化炭素が発生しないようにする。この方法で製造された水素は、二酸化炭素が発生しないので「**グリーン水素**」と呼ばれる。この場合、電気の形では保存するのがむずかしい再生可能エネルギーを、水素として保存していることになる。

このように脱炭素エネルギーとして注目される水素だが、貯蔵や運搬の際にさまざまな問題点を抱えている。現在主流の貯蔵方法は、高圧で圧縮して金属製の水素タンクに充塡《じゅうてん》するものである。しかし水素には金属を脆《もろ》くする性質があるため、タンクには特殊な金属を用いる必要がある。そのため貯蔵設備は高コストになる。また高圧に圧縮するために必要なエネルギーが、エネルギーロスとなる。さらに水素は酸素と爆発的に反応するため取り扱い上の危険性もある。

水素の問題点を克服するエネルギー媒体として、アンモニアが注目されている。アンモニアは水素と比較すると貯蔵運搬時の問題が少ない。また燃焼バーナーを改良することで窒素酸化物の発生を抑制することができ、既存の石炭火力発電所の設備を利用することができる。さらに石炭と混ぜて燃焼させることもできる。アンモニアは水素を原料として製造される。前述のブルー水素を用いて製造されるアンモニアは「**ブルーアンモニア**」、グリーン水素を用いたものは「**グリーンアンモニア**」と呼ばれている。

（有村）

**カーボンニュートラルと排出量取引**

カーボンニュートラルが達成されれば、二酸化炭素の排出はゼロになり、カーボンプライシングの役割はなくなる、という印象をもつかもしれない。しかし、カーボンニュートラルが実現した世界でも排出量取引が重要な役割を達成すると考えられている。たとえば、日本政府は２０５０年にカーボンニュートラルを実現することを目指しているが、すべての経済主体がここで排出ゼロになるとは限らない。日本政府の計画でも、２０５０年においても熱を必要とする工業技術は化石燃料を使いつづけ、二酸化炭素を排出しつづけるというイメージをもっている。

このような状況でカーボンニュートラルを達成するためには、CCSによる二酸化炭素の吸収を行うことが一つの方法である。あるいは、DACや森林吸収など二酸化炭素を吸収するネガティブエミッションを実施する主体から、排出を続ける主体が排出枠を購入する排出量取引で対応するという方法もある。そうすれば日本全体でのカーボンニュートラルが実現できる。もちろん、世界全体でのカーボンニュートラルを実現する際も、このようなかたちで排出量取引が重要な役割を果たすことが予想される。

## Ⅳ 世界で普及するカーボンプライシング

カーボンプライシングは、今や世界で、炭素税、排出量取引制度といった形で普及している。それぞれの状況について紹介しよう。

炭素税は、1990年にフィンランドで導入されたのを皮切りに、スウェーデンやノルウェーで導入された。その後、スイスやアイルランド、フランスでも導入された。

北米でも導入が行われている。カナダでは、州ごとにさまざまなカーボンプライシングが導入されており、ブリティッシュ・コロンビア州では、炭素税が導入されている。近年では、先進国だけではなく、温暖化対策のイメージの強くない国々でも導入されている。たとえば、メキシコでは、2014年に炭素税が導入された。南米でもチリが炭素税を導入した。アジアでもシンガポールが導入するなど、世界的な広がりを見せている。

日本でも2012年に、石油石炭税を活用するかたちで、**地球温暖化対策のための税**として、炭素税が導入された。

もう一つのカーボンプライシングである排出量取引は、炭素税に遅れ2005年に欧州で導入された。酸性雨対策として米国が二酸化硫黄の排出量取引を成功させたことを受け、EUも欧州連合域内排出量取引制度（EUETS）を導入した。2008年以降本格導入され、世界の排出量取引のモデルとなってきた。対象は当初は発電部門、製造業が対象であった。[※5] 欧州排出量取引に続き、米国では州レベルの排出量取引、地域温室効果ガスイニシアティブ（RGGI）が2009年に導入された。これは北東部の10州の発電部門を対象とした制度である。2013年にはカリフォルニア州で経済の主要部門をカバーする排出量取引が導入された。カナダでもケベック州で排出量取引が導入され、カリフォルニア州の制度と国際的にリンクされた。今は、メキシコでも導入が議論されている。

アジアでも排出量取引が導入されている。世界最大の排出国となった中国では、2013年から北京、上海《シャンハイ》など7都市・地域で試行的に制度が導入された。さらに2021年には電力部門での排出量取引が全国で導入され、今後エネルギー集約産業を中心に他部門にも拡張されていく予定である。韓国でも2015年に排出量取引が導入されている。その後、欧州が提案する国境炭素調整（後述）の影響もあり、タイ、インドネシア、ベトナムなどのASEAN諸国でもカーボンプライシングの具体的な制度設計が進んでいる。

以上のように、各国で炭素税や排出量取引が急速に広がりつつある。また、世界のカーボンプライシングをカバーしている排出量で見ると、EUETSが世界一であった。EUETSは複数の国の市場であるため、一時期一国で見ると韓国の規模が世界一になったこともある。そして今では、中国の排出量取引が電力部門で全国展開されて世界一になった。

図7－4　EUの二酸化炭素排出と製造業の付加価値の推移

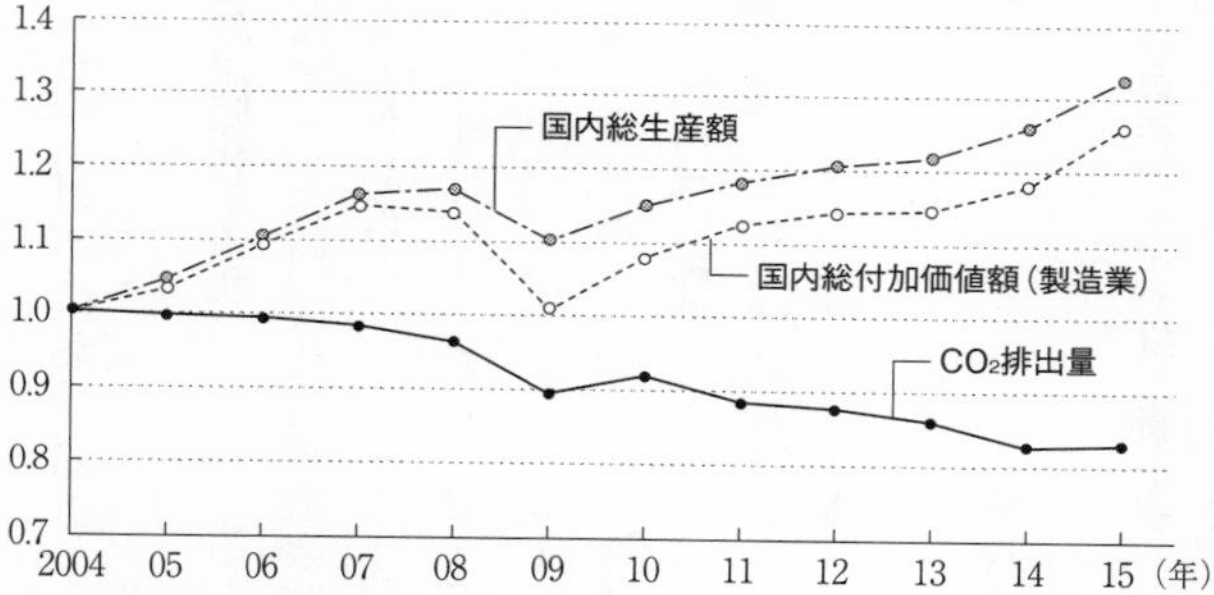


縦軸の値は、2004年を１とした時の変化率を表す。
出所：Ellerman, A. D., C. Marcantonini and A. Zaklan (2016)

## コラム　二酸化炭素排出と経済活動のデカップリング

排出量取引などの規制は経済活動に大きなダメージをもたらすため、経済成長が止まってしまう、という危惧をもつ経済界関係者は少なくない。日本でも排出量取引が地方自治体で導入されているのに、国レベルで導入されていないのは、まさにそのような危惧が背景にある。しかし、実際に排出量取引を導入した国ではどのようになっているのだろうか。図7－4はEU ETSを導入したEUの二酸化炭素排出の推移と、製造業の付加価値の推移を表している。[※6] 図からは、排出削減を達成しながら、経済活動が伸びていることが示されている。このように排出削減が経済活動の衰退につながらないことはデカップリングと呼ばれている。このようなデカップリングは、排出量取引を導入したカリフォルニアやRGGIの米国北東部でも確認されている。

（有村）

V　日本におけるカーボンプライシング

## 地球温暖化対策税

日本でも地球温暖化対策税と呼ばれる炭素税が導入されている。2012年から導入された地球温暖化対策税は2021年現在、二酸化炭素1トンあたり289円であり、ガソリン価格にすると1リットルあたり0・7円程度の価格上昇にすぎない。価格上昇だけでは、大きな削減効果は期待できない。しかし、税収は令和3年度予算で約2340億円になっており、これを、省エネ技術や再生可能エネルギーの補助金に使うことにより、排出削減を行っている。これは、炭素税と補助金という二つの政策の組み合わせであり、ポリシーミックスといわれる。炭素税は、それだけ見れば企業や消費者には負担になるかもしれないが、政府から見ると税収の増加になる。税収をどう活用するかによって、削減効果や経済影響が異なってくる。

ただし、現状の炭素税（地球温暖化対策税）は税率が低いため、日本の目標である2050年のカーボンニュートラル実現には、充分ではないことは明らかである。

## 地方自治体による排出量取引

日本では2010年度に環境省の審議会で、排出量取引制度小委員会が設けられたが、排出量取引制度導入は見送られた。しかし、自治体レベルでは東京都が2010年に、日本で初めて排出量取引制度を導入した。

東京都はアジアで最初に二酸化炭素の排出量取引制度を導入した。その特徴は、欧州のEU ETSや米国のRGGIと異なり、オフィスビルやホテルなどの商業施設が制度の対象となったことである。約1300の事業所が対象になったが、中心はオフィスビルなどであり、都市型の排出量取引制度であるといえる。これは、東京都の産業構造を反映したもので、大きな発電所や工場は東京に少ないことが原因である。先行したEU ETSやRGGIは、化石燃料消費から発生する二酸化炭素の排出量取引制度であったが、東京都の制度ではオフィスビルが利用している電力消費量を規制の対象としたユニークな制度である。また、当時、日本では排出量取引は（金融商品として）マネーゲームを引き起こすと産業界から批判されたことを受け、金融部門の役割が限定されているのも特徴である。東京都の制度では、規制対象者しか排出枠の取引ができないのである。また、排出削減が実現した場合のみ、余った排出枠を「削減クレジット」として取引できるという制度である。

**東京都の排出量取引制度**は、第一計画期間I（2010～2014年）にオフィスビルで8%、製造事業所に対して6%の削減目標が掲げられた。しかし、ふたを開けると、第一計画期間Iの終了までに25%の削減を実現できた。しかし、この削減については、東日本大震災後の電力価格上昇が理由で、排出量取引の効果ではないのではという見方もあった。そこで、筆者の研究室で、東京都のオフィスビルや大学の排出量削減の要因を、排出量取引にあるのか、または電力価格上昇にあるのか、要因分解してみた。その結果、排出量取引が一定の削減効果をもつことが確認できた。

東京都と連携した**埼玉県**も2011年から排出量取引を開始している。埼玉県は約600程度の事業所を対象にこの制度を実施している。東京都と異なり、多くの製造事業所が対象になっていて、その意味では、一般的な二酸化炭素の排出量取引制度である。しかし、埼玉県の制度は、EUETSなど多くの排出量取引制度と大きく異なる特徴がある。それは、埼玉制度が罰則をもたない自主的な制度であることである。通常の排出量取引制度では、排出削減目標を達成できない、かつ、必要な排出枠を入手しない事業所は罰則を受ける。これはEUETSや東京都制度でも同様である。しかし、埼玉制度では、目標を達成せずに、排出枠を入手しなくても、罰則を受けないのである。これは大変ユニークである。背景には、埼玉県と県の産業界が緊密な連携をしながら合意を得て、制度を進めていることがあり、このような自主的な制度であるにもかかわらず、埼玉でも4年間で22％の削減が実現している。

東京、埼玉の両制度とも、2014年までの第1期に排出削減に成功して、第2期の2015〜2019年も、制度は機能してきた。2020年からは第3期に入り、制度は着実に運用されている。

### 自主的な排出量取引――Jクレジット

日本政府は、自主的な排出削減を進めるためにJクレジット制度を実施している。これは、省エネルギーや、再生可能エネルギー、あるいは森林保全による二酸化炭素の削減・吸収をした場合に、その削減分を「クレジット」として受け取り、売却できる制度である。2023年1月時点で1012件のプロジェクトが登録され、818万トン分の二酸化炭素が削減されている。

この制度で発行された削減クレジットは、日本経済団体連合会の低炭素社会実行計画の目標達成に使うことができた。また、大規模事業者が義務付けられている温室効果ガス算定報告制度の報告に活用して、みずからの排出削減として申告することができる。

しかしながら強制力のある排出削減義務に直面する主体がないため、需要がそれほど大きくない。その結果、発行クレジット量が少なく、市場の流動性も少なく、カーボンプライシングの水準がわかりにくいなどの課題がある。

## Ⅵ　これからのカーボンプライシング導入のデザイン

カーボンプライシングは、市場の外部性を内部化する政策であり、効率的な気候変動政策と考えられている。しかし、実際の導入ではさまざまな課題に直面する。そして、それら課題への対策も示されている。また、税収や排出枠のオークション収入を活用すると、新たな機会を生み出すことも知られている。以下では、これらの課題と機会について説明しよう。

## 国際競争力問題・リーケージとその対処法

カーボンプライシングを導入すると、産業が規制のない国に移転すると危惧する声がある。もしそうなると、国内では排出が減っても、海外で二酸化炭素排出が増える**炭素リーケージ**（漏洩《ろうえい》）が起こることになり、論点となっている。また、規制を導入していない国の企業に対して、国際競争力上で不利益を被るとして、鉄鋼産業などエネルギー集約的な産業から反対の声が出てくることが多い。日本でもそのような反対により、2022年時点で国レベルの排出量取引制度は導入されていない。

それでは炭素リーケージはどのように対処することが可能なのだろうか。EUETSでは、どの業種が大きな影響を受けるかを特定し、これらの業種に対してまずは排出枠の**無償配分**が実施された。その結果、多くの実証研究では炭素リーケージは見られていない。

一方、無償配分ではなく、国境で輸入品に対してカーボンプライシングを課して、競争条件の平等化を図ろうという考え方もある。これは、**国境炭素調整**（CBAM）といわれる考え方である。古くはブッシュ政権が京都議定書を離脱したときにEUが対米国の方策として議論したものだ。次に、米国のオバマ政権が温暖化対策に取り組もうとしたときに、米国の議会でも対新興国の方策として国境炭素調整が米国の議会で検討された。しかし、本格的に具体化したのは、2021年7月にEUがFit for 55という政策パッケージのなかでCBAM提案を発表したのが初めてである。このEUのCBAM提案は、鉄鋼、セメント、肥料、アルミニウム、発電の5部門を対象とする提案であった（その後、化学製品等も追加された）。炭素税ではなく、排出量取引を活用した制度となっているのが特徴で、輸入業者がその製品の排出量に見合う排出枠を購入するものである。

日本でも国境炭素調整を導入すれば、日本のエネルギー集約産業を保護し、リーケージを防げるのだろうか。筆者の研究チームは、2010年に民主党政権が排出量取引を検討した際に、日本における国境炭素調整の効果を検証した。そのさい、国境炭素調整と、**アップデート方式**の排出枠を配分するものと効果を比較した。アップデート方式とは、生産量が増えた場合に、これらの排出量が多く国際競争下にある産業（EITE産業）に、事後的に排出枠を追加配分する方法で、Output Based Allocation（OBA）とも呼ばれ、米国の議会で検討されたものである。我々の経済分析では、OBA方式は、炭素リーケージを（完全ではないが）一定程度抑制することが示されている。ただし、リーケージ対策を過度に行うと、全体的な経済効率が低下するので、そこにトレードオフがあることには留意する必要がある。

なお、この炭素リーケージの問題は2010年の環境省の審議会・排出量取引制度小委員会でも議論された。当時は大きな問題であったが、中国や韓国で排出量取引が導入されている現在、懸念の程度は相対的に低下しているともいえるだろう。

### 公平性・逆進性

これまで、効率性の観点からカーボンプライシングを論じてきた。しかし政策導入では、特定のグループに負担がかからないよう、公平性の視点を持つことも重要だ。たとえば、高所得者層に比べて低所得者層に負担が大きくなる**逆進性**の問題も重要だ。

カーボンプライシングは、ことさら逆進的であるという批判を聞く。フランスで2019年に起こった黄色いベスト運動は、マクロン政権の規制緩和に対する抗議運動であるが、発端は、炭素税の上昇によるガソリン価格上昇の不満であったといわれており、低所得者の不満が背景にあるといわれている。低所得者に負担がかかる逆進性の可能性があるのである。しかし、この逆進性の問題は消費税でも同様であり、一般的な低所得者対策が効果をもつと考えられる。最近では、炭素税を積極的に活用して逆進性の問題を解決しようという考え方もある。これは**炭素の配当**（Carbon Dividend）と呼ばれる税収の還流方法である。炭素税収を低所得者に還元する、あるいは、一人一人平等な金額を還元する方法である。カナダのブリティッシュ・コロンビア州では炭素税収の一部を家計に還元し、逆進性に配慮している。米国でも、共和党の保守派から炭素の配当の提案が行われている。

## 二重の配当

カーボンプライシングは温室効果ガスの排出を抑制するためのものである。そのため、まずは生産量を抑制する、あるいは、環境にやさしいエネルギーや技術の利用を促進するため、生産や消費の費用が上昇するようになる。つまり、一義的には経済の負担になる可能性が高い。一方で、炭素税収入や、排出枠のオークション収入を他の税の減税に活用できる可能性がある。カーボンプライシングの収入を政府がうまく活用すれば、経済成長を後押しできるのである。これは、カーボンプライシングの**二重の配当**として知られている。

それではなぜ、二重の配当と呼ばれるのであろうか。伝統的な税制、法人税や所得税、あるいは社会保険料は、企業や消費者のインセンティブを弱め、経済に歪みを与えるのである。法人税は企業の投資意欲を削《そ》ぐ。所得税は個人の労働意欲を弱めるし、社会保険料負担は企業の採用意欲を抑制する。このように、従来の税制は経済活動を抑制する傾向をもっている。

そこで、カーボンプライシングの収入を使って、既存税を軽減すれば、経済活動が活発になるのである。たとえば、法人税減税を行えば、企業の投資が活発になるだろう。あるいは、所得税を減らせば、より多くの人が働くようになるだろう。企業の社会保険料負担を減らせば、企業はより多くの採用を行うようになるだろう。カーボンプライシングによる環境の改善を一つ目の配当と考えれば、この減税による経済活動の活発化が二つ目の配当なのである。

このような二重の配当の理論は、世界各国で取り入れられている。北欧でこのような考えがとられているほか、ドイツでもエネルギー税制改革の際に、この考えが導入されている。

北米でもこのような考え方は取り入れられている。炭素税を導入したカナダのブリティッシュ・コロンビア州では、２００８年の導入以降、その税収を法人税減税などに用いた。その結果、全体としては、年間０・74％の雇用増加（２００７〜２０１３年）を確認している。[※7]

日本でも炭素税を導入する場合は、この二重の配当の方式に注目すべきであろう。日本においても、炭素税の税収の一部を法人税減税に使えば、経済のグリーン化が進み、排出削減と経済成長の両立が可能であると考えられる。筆者も京都産業大学の武田《たけだ》史郎《しろう》教授と分析を行い、日本経済における炭素の二重の配当の可能性を示している。[※8]

### 実効炭素税率と現行エネルギー税制の課題

近年、カーボンプライシングの議論のなかで注目されているのが実効炭素税率である。炭素税や排出量取引の排出枠などのいわゆる明示的な炭素価格に加えて、石油石炭税や固定価格買取制度などをカーボンプライシングの一部としてとらえる考え方だ。実際、排出削減のインセンティブになるのは、明示的な炭素価格だけではなく、化石燃料に対する燃料税等も同様である。日本でも地球温暖化対策税導入前から化石燃料に対する課税は行われてきた。これらが高ければ、排出削減のインセンティブになるはずである。しかし、ＯＥＣＤにもとづき環境省が審議会で示した結果によると、日本の実効炭素価格は、先進国のなかでも必ずしも高くない。

図7－3　燃料別の二酸化炭素排出量1トンあたり税率（日本）

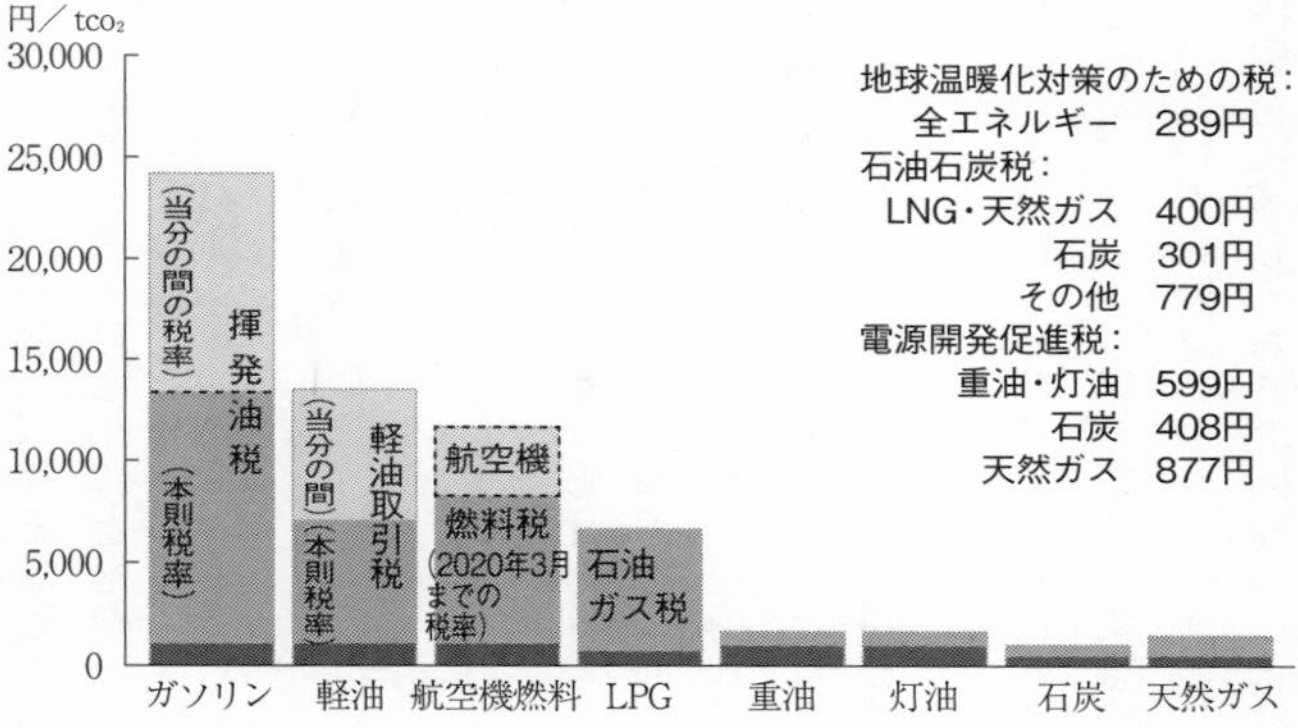


出所：環境省

日本にさらなる炭素税を導入するには留意点がある。すでに、化石燃料には、石油石炭税をはじめさまざまな税が課されている（図7－3）。排出される二酸化炭素1トンあたりに換算すると、2021年現在でガソリンに対する課税が2万4241円となっている。これに対して、LPGに対する課税は6524円と大きく異なる。それでも重油や天然ガスにくらべると高い。重油は二酸化炭素1トンあたり1667円であり、天然ガスは1556円である。一番安いのは石炭に対する課税で、トンあたり998円である。

ここから現行税制の二つの問題点が指摘できる。一つは燃料種間の二酸化炭素トンあたりのばらつきである。これは、温室効果ガス排出の削減の観点からは非効率な税制になっている。これらを二酸化炭素排出量トンあたりで標準化すれば、効率よく二酸化炭素を削減できると考えられる。

もう一つは、石炭に対する課税の低さである。現行税制は石炭優遇税制になっているということである。電力自由化にともない、石炭火力発電計画の増加が懸念されてきた。現行の税制が一つの要因になっている可能性があるのである。

## Ⅶ　日本でのカーボンプライシングの方向性

日本では東京都および埼玉県が、排出量取引を導入し、すでに削減実績を上げてきた。これは日本でも排出量取引が政策効果をもつエビデンスとなっている。確かに、最初の制度設計をするのは大変で、これに東京都は多くの時間と人手を要した。しかし、埼玉県はその制度を活用し、小人数で制度をうまく運用している。こういった経験を生かして、東京・埼玉の排出量取引制度を他府県も実施することにより、全国展開していくのも、現実的な政策だろう。

また、炭素リーケージ対策に関しては、国際的に経験・知見が蓄積されてきた。炭素リーケージ対策としては、前述のように、エネルギー集約的な産業、あるいは、国際競争にさらされる業種を特定し、その業種に対して排出枠の無償配分や、アップデート方式を行うことが有効とされる。2010年の審議会で議論されたEITE産業の特定は、当時は実施がむずかしいのではないかと懸念された。しかし、すでに固定価格買取制度でも、電力集約産業に対する減免措置を実施しており、同様のことは実施されている。つまり、行政的にもエネルギー集約産業への対処は実施可能なことが示されている。

このように、地方政府、国にさまざまな経験・ノウハウが蓄積されてきており、国全体でのカーボンプライシングの本格的な導入のハードルは下がっていると考えられる。日本でも国レベルの、国際的にわかりやすいカーボンプライシングの導入が必要であろう。カーボンプライシングを導入しないことが、むしろ、カーボンニュートラルの国際競争力を低下させるのではないかと危惧する。

**コラム　カーボンニュートラルと金融の役割**

世界がカーボンニュートラルに向けて動き出すのに、大きな役割を果たしたのが金融である。イングランド銀行の総裁を務めたマーク・カーニー氏は、気候変動のもたらす被害が、貸出先への影響を通じて、将来、金融機関に大きなリスクになると考えた。ただ、被害が発生するのが先であるために、金融機関は気づいていないとして、共有地の悲劇に倣って、「**ホライゾンの悲劇**」と呼んだ。金融政策は長く見ても10年の時間軸で考えているのに対して、気候変動のリスクは、数十年という単位で顕在化する。そのため、金融機関は気候変動リスクに対応し損ねる可能性があるというのである。具体的には、金融機関は、三つの経路を通じたリスクがあるとした。天候等が原因で発生する物理的なリスク、損害を受けた企業を補償するための賠償責任リスク、低炭素へ移行するために支払わなければならない費用である移行リスクである。そこで、金融機関が気候関連の情報を開示することの重要性を訴え、「気候関連財務情報開示タスクフォース（Task Force on Climate-related Financial Disclosures、略称ＴＣＦＤ）」を発足させた。ＴＣＦＤのもとでは、企業は、気候変動がもたらすリスクと機会について、四つの視点で情報開示することを求められている。第一に、「ガバナンス」である。第二に、「戦略」を示すことが求められている。第三に、「リスク管理」が求められている。第四に、気候変動に関連して「指標と目標」を設定して開示する必要がある。この動きが世界の大手企業に広がり、企業は二酸化炭素を出すビジネスを続けていると、将来大きな負担となって経営リスクにつながることが明らかになっていった。日本でも１１５８企業・機関がＴＣＦＤに賛同している（２０２３年１月現在）。そのため、多くの企業が排出削減と適応へ向けた戦略を検討することになったのである。

（有村）

## コラム　ＦＩＰ制度——出力制御の問題と蓄電池技術の活用の促進

電力の需要と供給にギャップがある場合には、大規模停電回避のために、出力制御を行い、再生可能エネルギーの受け入れをカットする必要性が生じる。このとき、大型の蓄電池の活用は、この問題の解消に役立つ。蓄電池が利用可能であれば、発電量が消費を上回った場合

図７－５　FIT 制度と FIP 制度の違い

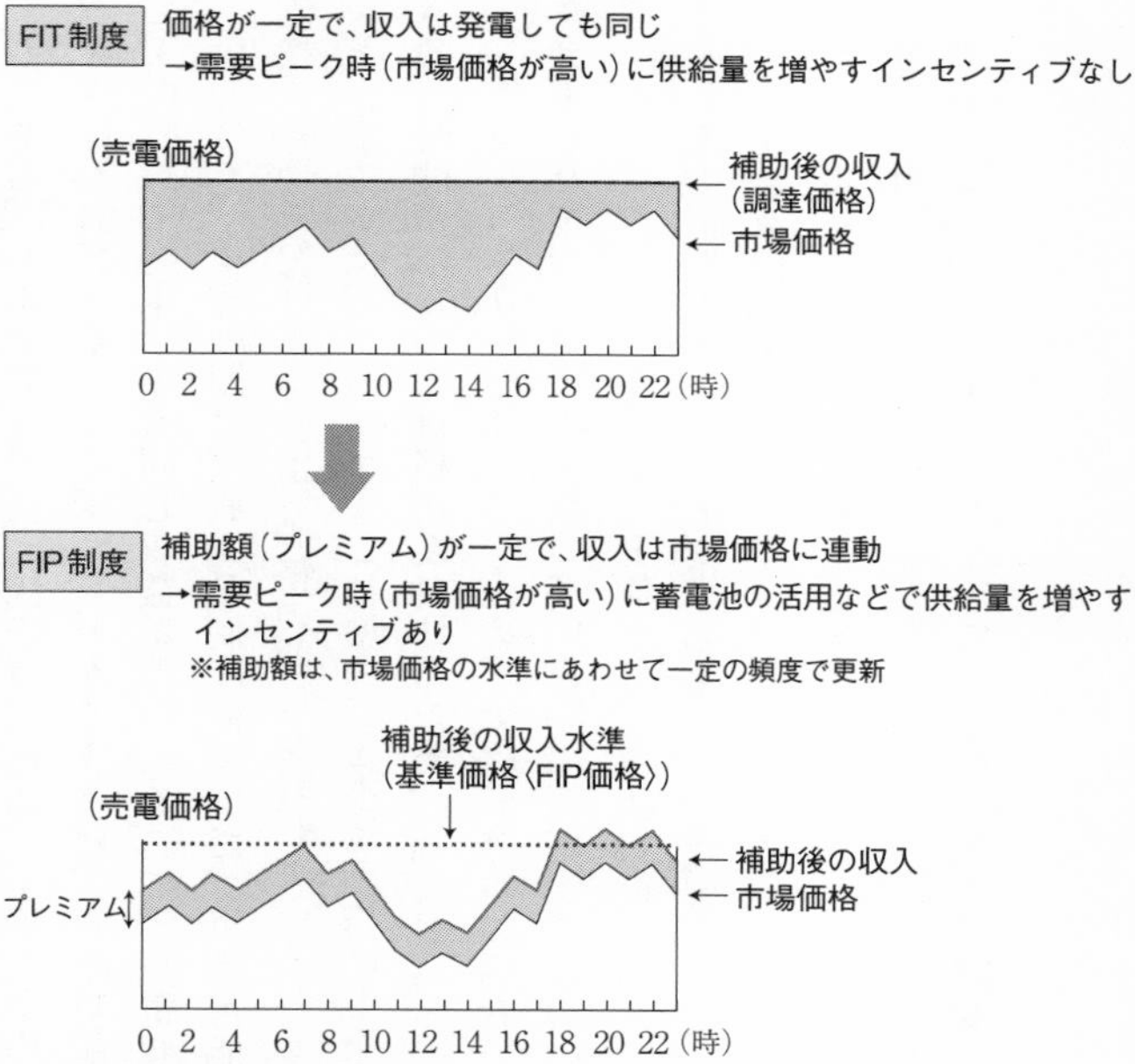
FIT制度
価格が一定で、収入は発電しても同じ
→需要ピーク時（市場価格が高い）に供給量を増やすインセンティブなし
（売電価格）
補助後の収入
（調達価格）
市場価格
0 2 4 6 8 10 12 14 16 18 20 22（時）
FIP制度
補助額（プレミアム）が一定で、収入は市場価格に連動
→需要ピーク時（市場価格が高い）に蓄電池の活用などで供給量を増やすインセンティブあり
※補助額は、市場価格の水準にあわせて一定の頻度で更新
補助後の収入水準
（基準価格〈FIP価格〉）
（売電価格）
プレミアム
補助後の収入
市場価格
0 2 4 6 8 10 12 14 16 18 20 22（時）

出所：経済産業省資源エネルギー庁

に、それを蓄電池で蓄電し、消費に対して発電供給能力が低いとき（たとえば、夜間や悪天候などの場合）に、それを活用できる。蓄電池の活用を推進するために、ＦＩＴ制度の制度設計の変更（再生可能エネルギー特別措置法の改正）が、２０２２年度に行われ、２０２２年度以降、特定の条件を満たした再生可能エネルギー事業者に対して、ＦＩＰ(Feed-in Premium) 制度への移行が義務付けられた。

図７－５は、ＦＩＴ制度とＦＩＰ制度の違いを示し

たものである。FIT制度では、固定買取価格（上図）が市場価格よりも高く設定されている様子が描かれている。この図からわかるように、再生可能エネルギー事業者は、24時間のうちどの時点で売電しても同じ収益が得られるので、発電した時点で電力を供給しようとする。いっぽう、下側の図は、FIP制度において、再生可能エネルギー事業者が受け取る売電価格（補助後の価格）と市場価格の関係を表している。FIP制度の下では、再生可能エネルギー事業者は、プレミアム（補助金）を市場価格に上乗せした合計の価格で売ることができる。時間帯によって価格が変動するため、補助金込みの価格がより高い時間帯で売却するインセンティブが生じる。このため、太陽光発電の場合、日中の市場価格が低いため、日中に発電した電力を、市場価格の高い夜間に売電するために、蓄電池を導入するメリットが大きくなる。このように、FIP制度は、再生可能エネルギー事業者に、蓄電池を利用することで、電力需要の大きい時間帯（価格の高い時間帯）に電力供給をシフトさせ、インセンティブを与える機能がある。

ただし、現状では、小規模発電事業者（ただし、50kW以上）と風力発電に対しては、FIP制度に移行する義務付けはない。このため、より多くの再生可能エネルギー発電事業者に同様にインセンティブを与えるために、今後、FIP制度への移行の義務付けが重要となる。（日引）

※1　ＥＤＭＣエネルギー経済統計要覧・オークリッジ研究所（https://www.epa.gov/ghgemissions/global-greenhouse-gas-emissions-data）

※2　適応策について、下記のＨＰが参考になる。農林水産省『気候変動適応ガイド』（https://www.maff.go.jp/j/seisan/kankyo/ondanka/index.html）、気候変動適応情報プラットフォーム（Ａ－ＰＬＡＴ）『分野別影響＆適応』（https://adaptation-platform.nies.go.jp/climate_change_adapt/impact.html）

※3　ＩＧＥＳ「ＣＤＭプロジェクトデータベース」（https://www.iges.or.jp/jp/pub/iges-cdm-project-database/ja）を参照（２０２１年12月27日アクセス）。

※4　http://gec.jp/jcm/jp/about/（２０２０年９月23日アクセス）

※5　ＥＵＥＴＳの初期の制度は、天野『排出取引』に詳しく書かれている。

※6　Ellerman, A. D., C. Marcantonini and A. Zaklan（2016）"The European Union Emissions Trading System: Ten Years and Counting," Review of Environmental Economics and Policy, Vol.10(1), pp. 89-107.

※7　A. Yamazaki（2017）"Jobs and climate policy: Evidence from British Columbia's revenue-neutral carbon tax" Journal of Environmental Economics and Management, 83, 197–216

※8　S.Takeda &T.H.Arimura（2021）"A computable general equilibrium analysis of environmental tax reform in Japan with a forward-looking dynamic model". Sustainability Science 16, 503-521.

# 終章　反グローバリズム時代の気候変動政策と日本

## Ⅰ　ＥＵの挑戦――国境炭素調整の台頭

今、国際的な気候変動政策で論争を呼んでいるのが、２０２１年のＥＵの**国境炭素調整メカニズム**（EU CBAM : Carbon Border Adjustment Mechanism）の提案である。ＥＵは欧州委員会が力をもち、気候変動政策を次々と打ち出している。２００５年に開始した世界初の二酸化炭素の排出量取引制度、ＥＵＥＴＳはその代表である。そして、その施策をさらに進めて、国境炭素調整を実施しようとしている。そうなれば、ＥＵへ輸出する多くの企業が二酸化炭素排出量に応じて追加費用を支払うことになり、大きな痛手を被ることになる。たとえば、中国がＥＵへ鉄鋼を輸出できなくなれば、東南アジア市場に中国の鉄鋼が行くことになり、日本企業と市場をとりあうことになるかもしれない。

この提案の背景には何があるのだろうか。ＥＵは気候変動対策の国際的なリーダーとして、さまざまな取り組みをしてきた。さらに、世界に先駆け、２０３０年の削減目標を他国より厳しい55％に引き上げた。そのことにより、ＥＵの産業界はさらなる負担を警戒し、これまでどおりの、ＥＵ単独での排出削減取り組みに限界を感じている。排出削減規制が厳しくなると、少なくとも短期的にはコスト負担が大きくなり、他地域への炭素リーケージ（漏洩）が起こる可能性が高くなる。ＥＵでの経済活動が停滞し、海外に生産が移転し、ＥＵ外で排出が増えてしまうことが恐れられているのである。

### 自由貿易と国境調整

１９９７年の京都議定書以降、国際社会は世界全体で気候変動対策に取り組んできた。だが、ここに来て、ＥＵは一方的な措置を使って、他国に排出削減を強制しようとしているように見える。これは、自由貿易の拡大と反する動きをしている最近の経済動向と連動している。

国際社会は、第二次世界大戦後、戦争につながったと批判されるブロック経済化への反省から国際貿易の促進に取り組んできた。自由貿易促進のために、ＧＡＴＴ（関税及び貿易に関する一般協定）が１９４７年に設立された。ＧＡＴＴのもとでは、貿易の制限を削減し、貿易上、特定の国を差別することをやめる方向に世界は向かっていった。関税を引き上げることは否定され、基本的に関税を引き下げることにより貿易上の制限をなくしていく方向で国際社会は動いていた。貿易の無差別待遇として、特定の国の産品を差別したり、自国製品を優遇したりすることを禁止する方向で世界は進んできた。GATTはさらに世界貿易機関（WTO）に発展した。世界は自由貿易を促進し、お互いに経済発展の果実を享受する方向で動いてきたのである。

日本も高度成長期を通じて、この自由貿易の促進の恩恵を受けて、経済発展を遂げたといえるだろう。日本の自動車産業が国際競争力を得て、米国市場などで大きなシェアをもつようになったということは、まさにこのような背景があったから実現できたものであろう。

しかし、このような自由貿易促進の流れのなかでも、国境炭素調整という考えが出てきた。2001年に米国ブッシュ政権が京都議定書からの離脱を宣言した後、欧州では、米国に対して国境調整措置を導入すべき、という意見が出た。米国から欧州への輸入品に対して、炭素関税を実施しようというものである。しかし、これは特定の国の産品への課税ということで、WTO違反の可能性もあり、論争を呼ぶ考えであった。しかも、自由貿易拡大を通じて世界全体が豊かになろうという考えが国際社会に共有された時代であった。そのため、国境調整措置は、具体的な政策として導入されるまでには至らなかった。日本でも財務省の関税局が国境炭素調整のWTOとの整合性や日本経済への効果、影響を検討し、筆者（有村）も参加した。しかし、貿易紛争につながりかねないということで、当時の日本の経済界では国境炭素調整を支持する声はほとんど聞かれなかったように記憶している。

また、2009年当時、米国の法案に国境炭素調整の提案が含まれていたため、筆者が米国の議会スタッフに「どうやって製品の炭素含有量を計測するのか」と質問した。すると、「輸出メーカーに直接聞いてみる」と笑いながら答えていた。つまり、具体性に欠ける一提案でしかなかった。しかも当時の法案は、「新興国が10年後に米国並みに努力しなければ国境炭素調整を発動する」、という悠長なものであった。

このように、少し前なら国境炭素調整の具体的な提案が行われることはなかった。

### 反グローバリズムの台頭

自由貿易促進の雰囲気を大きく転換させたのは米国のトランプ前大統領だろう。トランプ大統領は、アメリカ・ファーストを唱え、米国の貿易赤字を問題視した。そして、2018年に太陽光パネルと洗濯機に対する関税を大幅に上げた。続いて、鉄鋼とアルミニウムに対する関税も導入し、日本も影響を受けることとなった。さらに、中国産品に対して、関税を課し、中国との貿易戦争につながっていった。

トランプ大統領は、パンドラの箱を開けてしまった。それまで、国際社会が前提としていたグローバル化、自由貿易促進、関税の引き下げを、一気に180度転換させてしまったのである。国際的な多国間による協調主義から、二国間での交渉の重視が前面に出たのである。

そして、一部の市民に眠っていたグローバリズムへの反感が、ここにきて一気に噴き出している。国際動向を見れば、英国のEUからの離脱も、いろいろな側面はあるが、貿易の自由化、グローバリズムの促進に対する反動という側面がある。その後のロシアのウクライナ侵攻も含めて、国際社会は大きな転機を迎えたのだ。バイデン氏との大統領選に負けたあともトランプ氏が根強い人気をもっているのは、この反グローバリズムの流れがあるといえよう。

こういった反グローバリズムの流れがあって初めて、反自由貿易的なEUの国境炭素調整の具体化が可能になったと考えられる。

EUの国境炭素調整の提案は、それまでの各国が行ってきた提案と異なり、かなり踏み込んだ、具体的、かつ、詳細な提案になっている。2021年7月に提案され、セメント、鉄鋼、アルミニウム、肥料、電力などが国境炭素調整の候補とされ、2026年にも徴収を開始しようとしている。その後、議会では、化学品、水素、アンモニアなども加えるべきだと提案された。2009年頃の米国提案と異なり、EUETSの15年の経験を踏まえて、製品の炭素含有量の計測もかなり具体的だ。この仕組みでは、輸入業者は、輸入品に対してEUETSと同様の排出枠をEUETSと連動した価格で購入しなければならない。しかし、輸出国が排出量取引を実施してEUETSとリンクしていれば免除される。あるいは、輸出国がカーボンプライシングを導入していれば、その金額だけ、排出枠の購入を減免するというのである。つまり、カーボンプライシングを導入していれば、支払い義務は発生しない。EU以外の国にも、カーボンプライシングを通じて排出削減に取り組んでもらい、グローバルな削減を進めようというのである。

確かに、EUの国境炭素調整の提案はグローバルに排出削減を進めようとするものだが、他国から見ると理想的な政策ではない。EU製品よりも日本製品の効率がよく、排出が少なくても、日本製品に排出枠購入の義務が課されるという、反グローバリズム的で不公平な面もある。いわゆる**暗示的炭素価格**にもまったく配慮されていないことも問題だ。暗示的炭素価格とは、炭素税や排出量取引のように炭素価格が明確ではないが、排出削減につながる政策や税制のことを指している。たとえば、エネルギー関連税制は化石燃料に課されていて、温室効果ガス排出削減を直接の目的としてはいないが、結果的に排出削減に貢献している。

**省エネ法**によるエネルギー管理制度は、一定規模の事業所に毎年の1%のエネルギー効率改善を促す制度であり、強い罰則はないものの日本の省エネルギー促進に貢献しており、やはり結果的に、排出削減に貢献している。同じく省エネ法の**トップランナー制度**も、さまざまな製品のエネルギー効率のトップランナーを示し、他の事業者にそのレベルまで製品の効率改善を促すもので、やはり、使用段階でのエネルギー消費削減、つまり、排出削減に貢献してきた。しかし、EUのCBAMではこれらの政策は考慮されないのだ。

このようにEUのCBAMは完全な制度ではない。しかし、このようなある種一方的な措置も、気候変動という大きな課題に立ち向かうには、必要悪としてやむを得ない面もあるのではないだろうか。実際、この提案がなされた頃、インドネシア、ベトナム等の東南アジア各国で、カーボンプライシングの導入検討が始まった。欧州委員会の期待どおり、新興国、途上国でのカーボンプライシングの導入を促進している可能性がある。つまり、反グローバリズム的な側面をもちつつ、グローバルな気候変動への対策を効率的に進めることに貢献する可能性がある。

**コラム　気候変動対策における非国家主体の役割**

米国のトランプ政権の誕生は、気候変動への国際協力における大きな危機となった。トランプ政権は典型的な共和党の立場を取り、誕生後、すぐにパリ協定離脱を宣言した。貿易においても国際機関を通した多国間の協調・交渉より、二国間の交渉や関税の引き上げで問題を解決しようとした。こういった反グローバリズムの台頭で、国家同士が国際問題を解決する能力が低下していった。

この間、国家に代わって、非国家主体の役割が大きくなることになった。非国家主体というのは、文字どおり、国家ではなく、企業、NGO、そして地方自治体なども含めて、国際交渉に直接かかわってこなかった組織である。国際社会が複雑化するなかで、さまざまな問題で非国家主体の役割に注目が集まっていて、気候変動問題でも同様だ。

たとえば米国でも、州政府レベルでは排出量取引が導入された。ニューヨークなどを含む北東部の州ではRGGIという発電所を対象とした制度が導入され、カリフォルニア州も排出量取引を導入した。日本国内でも東京都は排出量取引を導入し、埼玉県もそれに続いた。国ではなく、州政府や自治体、地方の首長が大きな役割を果たすようになっていった。

非国家主体の役割で象徴的なのは、マイケル・ブルームバーグであろう。ニューヨーク市長としても活躍し、金融情報サービスの創業者としても知られる同氏は、気候変動対策に熱心に取り組んできた。2014年には国連の潘基文《パンギムン》事務総長らとともに、世界気候エネルギー首長誓約（Global Covenant of Mayors for Climate & Energy）を設立した。そして、国連の気候変動担当特使も務めた。

非国家主体としては金融の役割も大きい。イングランド銀行の総裁であったマーク・カーニーがブルームバーグと連携して、金融機関が直面する気候変動関連のリスクの開示を促したのである。これは、TCFD（Task Force on Climate-related Financial Disclosures）と呼ばれる仕組み（第7章コラム参照）になり、日本企業、経済にも大きな変化をもたらした。環境省や経済産業省の後押しもあり、多くの企業がみずからの気候変動リスクを開示しはじめた。日本では、東京証券取引所が改組されプライム市場ができたときに、上場の要件としてTCFDに準拠することが求められた。IPCCの科学的知見と並び、このTCFDが、企業の気候変動対策を後押しした。

金融以外でもグローバル企業の役割は大きい。アップル、ソニー、グーグルなどは取引先に再生可能エネルギー100％の電力を使うように求めている（RE100）。先進的な企業は、国境を越えて、脱炭素を促進できるのである。

NGOの活躍も見逃せない。日本でもWWF Japan（世界自然保護基金ジャパン）などのNGOが環境政策の促進に大きな役割を果たしてきている。東京都の環境審議会、国の環境省の審議会などでも活躍は目覚ましい。

このように、反グローバリズムの流れで、国家間の協調がむずかしくなるなか、非国家主体の役割が大きくなった。そもそも今、多くの企業活動はグローバルになっている。生産も市場も一国ではとどまらなくなっている。NGOも個人も、ソーシャルメディアを通じて、その活動は国境を越えることが容易になった。ますます非国家主体の役割は大きくなっていくだろう。（有村）

## II　僕たちの失敗と未来への展望——日本のカーボンプライシング

日本では、この国境炭素調整はEUの横暴としてとらえられている。確かに、自由貿易への挑戦とも見てとれる。また、これまでの日本の排出削減努力を正当に評価していないということで、政府でも産業界でも不満は大きい。しかし、国内でカーボンプライシングがしっかり導入されていれば、EUの国境炭素調整は恐れるに足らずなのである。ところが現実には、日本のカーボンプライシングは、韓国、中国にも後れを取っていて、EUのCBAMの影響を受けるかもしれない。かつて省エネやエネルギー効率で世界をリードしていた日本が、どうしてこのようなことになってしまったのだろうか。これはカーボンプライシングの影響を受けやすい業種からの懸念と、新しい制度の導入に保守的な日本の体質が原因であるからにほかならないだろう。

ここで、カーボンプライシングの歴史を振り返ってみよう。環境問題を解決する政策手段として、市場を使った排出量取引が最初に成功したのは米国で、1995年から始まった酸性雨対策の二酸化硫黄の排出量取引である。その成功を受け、欧州はEUETSという二酸化炭素を使った排出量取引を2005年に始めた。それから17年の時を経たが、日本全体で見れば、EUETSの排出量取引に匹敵する市場を使った制度は存在しない。筆者が環境省の排出量取引の審議会に委員として参加してから13年の時が経つが、いまだに全国制度は導入されていない。東京都が2010年から、そして埼玉県が2011年から排出量取引を始めている。しかし、47都道府県のなかの二つの都県のみが排出量取引を実施しているにすぎない。

もちろん、カーボンプライシングということであれば、排出量取引制度だけではなく、炭素税という制度もある。日本でも2012年から地球温暖化対策税という名前で導入されている。

炭素価格の効果に加えて、税収を財源として、低炭素に向けて技術導入を進めている。しかし、欧州の排出枠が二酸化炭素1トンあたり80ユーロ（1万円以上）を超えたのに対し、日本の炭素税はトンあたり289円という金額である。さらに、カーボンニュートラルに必要な投資は2030年に年間17兆円ともいわれているなか、2020年の税収は2500億円に満たない。2030年の46%削減、2050年のカーボンニュートラルに向けては、価格効果としても財源効果としても充分ではない。

いっぽう、近隣諸国で見ると、韓国は2015年から全国レベルの排出量取引制度を導入している。中国も2013年に7地域での排出量取引のパイロット市場から始まり、2021年には全国レベルで電力産業を対象とした排出量取引制度を導入している。排出量の厳密な測定などでは、日本のほうがより精緻であると考えられるが、政策・制度導入に関しては、中韓の近隣諸国に後れをとっている。実際、筆者が国際会議で東南アジア諸国の政府担当者に、東京都や埼玉県の排出量取引制度の素晴らしさを説いても、中国や韓国など、国レベルでの制度導入した国がもつインパクトとは比較にならない。残念ながら、中韓の後塵《こうじん》を拝していると、いわざるをえない状況である。

もちろん、日本でもカーボンプライシングの導入の議論は何度も行われてきた。そのたび、影響を受けやすい業種からさまざまな懸念が表明されてきた。筆者は、この懸念に対して、学術的に回答を出すように努めてきた。

2010年の環境省の排出量取引制度の小委員会では、電力産業などエネルギー集約的で国際競争にさらされる業界から懸念が示された。これに対しても、筆者は多くの共同研究者の力を借りながら、最悪の場合、どの程度の費用負担になるのかを示し、その負担を緩和する方法を検討して、審議会など示してきた。第7章で紹介した排出枠の無償配分や「**産出量にもとづく排出枠の配分方法（Output Based Allocation）**」を示し、日本経済における効果を示した。

さらに、エネルギー集約産業の懸念を払拭するために、日本経済における「国境炭素調整」の効果の可能性についても研究を行った。当時、中国をはじめとする新興国での排出量増加が増え、米国、欧州では、国内の排出規制強化の議論に合わせて、新興国への産業移転が懸念された。そのような移転が実際に起これば、カーボンリーケージにつながり、環境目的も達成することができない。そこで、排出規制を実施しない国からの輸入品に炭素価格を上乗せする議論が活発になった。WTOのもと国際貿易を促進しようとする当時の国際的な議論と逆行する政策ではあるが、日本でも財務省でそのような検討が行われた。筆者もその議論に参加し、日本経済における国境炭素調整の効果分析を武田史郎教授らと行った。我々の経済分析では、輸出主導型の日本経済では、輸入品に対する炭素課税は効果がなく、上記の「産出量にもとづく排出枠の配分方法」のほうが有効であることもわかった。

その後、東日本大震災もあり、日本では温室効果ガス排出削減の議論は低調となった。カーボンプライシングの議論が復活したのは、２０１５年のパリ協定以降である。環境省での議論や審議会が再開され、ステークホルダーと議論を進めると、排出量取引はほんとうに効果をもつのか？　という疑問も呈されてきた。そのように思われるのは、欧州でのＥＵＥＴＳの価格が次第に低下していたことも一因であろう。日本でも東京都の排出量取引制度導入直後に東日本大震災があり、それにともない、電気料金上昇もあった。そのため、東京都での排出削減は、排出量取引ではなく、震災影響にともなう電力価格の上昇ではないか、というような疑問も呈された。そこで、筆者は共同研究者らと共に、「**証拠にもとづく政策立案**（ＥＢＰＭ：**Evidence Based Policy Making**）」の視点で、東京都や埼玉県の排出量取引の効果をさまざまなミクロデータを用いて示した。獨協《どっきょう》大学の浜本光紹《はまもとみつぐ》教授も埼玉県の排出量取引についてエビデンス（証拠）を提供している。

以上のように、筆者は共同研究者らと共に、カーボンプライシングに対する懸念を払拭するために学術的にさまざまな研究を行ってきた。少しずつ日本でのカーボンプライシングの理解も深まってきたように思う。しかし、それでも日本でのカーボンプライシングの導入が遅れてきたのには、ほかにも理由があると思う。「完璧な制度ではなければ導入すべきではない」という日本の保守的な態度・文化も影響しているように思う。たとえば、ＥＵＥＴＳは２００５年から開始されたが、さまざまな課題に直面しながら、その都度、適宜修正しながら制度を改善してきている。その結果、EUの制度というだけではなく、他の国も導入するようになってきて、脱炭素のための中核的な政策になっている。いっぽう、日本はカーボンプライシングの課題、懸念ばかりに議論が集中し、その効果やメリットに充分に理解が及んでいない。新しい制度にチャレンジすることを躊躇《ちゅうちょ》する保守的な傾向がカーボンプライシングの本格導入を遅らせてきた面もあるだろう。このような傾向は、気候変動政策だけではなく、デジタル化に対する遅れでもあてはまり、過去30年の日本経済停滞の一因となっているのではないかと思う。

しかし、安倍晋三《あべしんぞう》政権下では「2050年の80%削減」という目標に対してまったく動かなかった政界と産業界が、菅義偉政権で「2050年のカーボンニュートラル宣言」が出たことにより大きく変わった。そして、岸田文雄《きしだふみお》政権でも「成長に資するカーボンプライシング」が掲げられ、政権の主要課題として取り上げられるに至ったのである。ついに、経済産業省でもカーボンプライシングの議論が本格的に始まった。その結果、野心的な排出削減目標をもつ企業が集まる**グリーントランスフォーメーション・リーグ**（GXリーグ）が立ち上げられた。2023年4月には（参加は自主的ではあるが）排出量取引制度「GX-ETS」が開始されることになっている。東京証券取引所でも、2022年9月には二酸化炭素のカーボンクレジットの取引も始まり、GX-ETSで排出枠を取引する舞台も揃《そろ》っている。また、政策導入についても最初から完璧な制度を導入するのではなく、まずは導入をして適宜必要に応じて修正しようという、柔軟な雰囲気も出てきた。

このように、日本もようやく本格的なカーボンプライシングの導入に向けて、一歩踏み出した。大いなる前進であり、評価すべきである。10年以上この議論に参加してきた筆者には隔世の感がある。

しかし、自主的な参加にもとづく排出量取引であるGX－ETSだけで、2050年のカーボンニュートラルが達成できるわけではない。[※1] カーボンニュートラルに必要な脱炭素技術が普及するためには、しっかりとしたカーボンプライシングが必要だ。大気中の二酸化炭素を直接吸収するDAC（Direct Air Capture）や、二酸化炭素の回収貯留（CCS）、一度回収した二酸化炭素を再利用するカーボンリサイクル（CCUS）等の脱炭素技術に対する投資は、一定水準のカーボンプライスがつかなければ行われないだろう。国際エネルギー機関の試算によると、カーボンニュートラルの達成には、先進国では2030年に二酸化炭素1トンあたり150ドル、2050年に250ドルが必要とされている。そういった水準の炭素税、あるいは、そのレベルの排出枠価格になるようなキャップ・アンド・トレード型の義務的な制度が必要になってくるだろう。

この点で、2022年末に大きな進展があった。政府はGX実行会議でカーボンプライシング導入の大きな方向性を示した。まず、政府はカーボンニュートラルの投資促進のために、20

兆円規模のGX経済移行債を発行すると宣言した。これを原資に、脱炭素技術の研究開発や投資を支援するのである。この20兆円の財源としてカーボンプライシングを活用していくというのである。カーボンプライシングの方法としては、排出量取引と炭素に対する賦課金（炭素賦課金）を組み合わせることも示した。排出量取引については、自主的な制度であるGX－ETSを発展させていき、2033年から電力産業を対象にして、排出枠のオークションを開始していく。いっぽう、炭素賦課金を2028年から導入し、徐々に引き上げていくことも示した。炭素賦課金は、二酸化炭素排出に対する価格付けであり、政府の収入になる。法律上では税とは異なるが、経済学的に見れば炭素税と同等の効果が期待できる。

排出量取引は排出削減を確実に達成できる。いっぽう、排出枠価格の予測がむずかしく、オークションを導入しても政府の必要な財源が集まるかは不明である。これに対し、炭素賦課金のほうは価格が安定する分、財源として予測しやすい。この日本型のカーボンプライシングは、両者の特徴をとらえた制度として考えることもできるだろう。

いよいよ本格的なカーボンプライシングが日本でも導入されることとなったのである。ただ、詳細設計については未だ定まっていない。排出量取引を自主的なものから、義務的なキャップ&トレード型にいつ移行するのかも示されていないし、対象業種もわからない。脱炭素実現のためには、国際競争力に配慮しつつも、早期に義務型に移行すべきであろう。また、炭素賦課金についても金額も示されていない。予見可能性を高め、事業所の投資を促進するためには、早期に価格を示すことが必要だ。さらには、既存エネルギー税制とどういう関係になるかも不明である。効率的に脱炭素を目指すには既存エネルギー税制の改革も必要だろう。将来的には、二重の配当も含め、法人税や消費税、所得税なども踏まえた税制改革の検討も視野に入れるべきだろう。

日本のカーボンニュートラルへの動きは始まったばかりだ。今、このカーボンニュートラルへの競争を、本格的なカーボンプライシングを用いて行えば、技術の競争、企業の競争が進み、脱炭素の市場で国際競争力をもつ日本の企業や技術が生まれるだろう。この競争は場合によっては、業種の壁を越えたものとなり、日本経済に大きな変革をもたらすだろう。カーボンプライシングを通じたカーボンニュートラルの実現によって、日本経済の復活と、気候変動政策の両立が可能になると筆者は確信している。

※1　2022年10月26日現在、政府で炭素税と義務型の排出量取引の導入は議論中である。

# あとがき

旧版が出てから21年が経過し、改めて新版を刊行することとなった。著者としてはこの上ない幸せである。我々の主張してきた環境経済学的な考え方が、長きにわたって読者を獲得し、かつ、いまだに社会的な需要・意義がある、ということの証しだと感謝している。

実際、我々が旧版で紹介した環境税や排出量取引は、当時はまだ一部の国でしか実施されていないものだったが、今や政策として世界中に普及した。日本においても本書に示した通り、国レベル、地域レベルですでに導入されている。学問としての環境経済学が社会に実装されてきたと言えるだろう。さらにその展開も早く、新版の原稿を書き上げた直後に、岸田文雄首相がGX実行会議で、日本におけるカーボンプライシングの方向性（排出量取引と炭素賦課金のポリシーミックス）を具体的に示すに至ったのだ。まさに生きている学問といえるのではないだろうか。

本書がこれだけ長い間支持されたのは、ひとえに、本書の企画を20年以上前に提案した中央公論新社の酒井孝博氏のおかげである。本書の企画を持ち掛けられたとき、私自身は学生時代から読み親しんだ中公新書の著者に名前を連ねることに興奮したものの、その本が20年たった今、まだ社会的価値、現代性を持っていることは予測できなかった。ひとえに酒井氏の慧眼によるものであり、敬服の至りである。旧版が出たことで、著者の二人は学会及び行政担当者に名前を憶えていただいた。その後、学問的にも政策的にもさまざまな機会を得て、二人とも環境経済・政策学会の会長を歴任することになった。ここに改めて酒井氏に謝意を表したい。

一方で、この新版の発行に当たっては、酒井氏をはじめ中央公論新社にご迷惑をおかけした。第7章をいったん書き終えた後で、菅総理のカーボンニュートラル宣言が発せられて、筆者の想像を超えて世界の変化が著しいことを実感した。そのため、本書の改定は大幅に遅れることとなった。そして、担当編集者も工藤尚彦氏に交代することとなった。両氏にお礼とお詫びを申し上げたい。

原稿の改訂にあたっては、いろんな方にお世話になった。早稲田のゼミの学生であった河本真銘さん、小堀穂高くん、染岡夏樹くん、森村将平助手、神戸大学研究員の森本敦志氏にはさまざまなコメントを頂いた。初版に続き妻にも読みやすい文章になるよう、事細かにアドバイスをもらった。また、第6章、第7章は、私の教え子であり共同研究者である岩田和之氏、杉野誠氏、そして大学院生も含めた多くの共同研究者に負うところも大きい。さらに、高校の恩師、鈴木利夫先生、小学校の恩師、友部順子先生には、いつも拙文にご意見を頂いてきた。ここに謝意を表したい。

新版にはこの20年間の筆者らの研究成果が反映されている。特に、科学研究費「インド・バングラデシュにおけるPM2・5暴露経路の解明と健康影響低減政策の研究（18H00839）」（日引）及び「国境炭素価格の制度設計とCO2排出削減効果：各国の気候変動対策に与える効果の研究（21H04945）」（有村）の助成に負うところが多い。また、この間、日引・有村の二人の著者は上智大学名誉教授の故・山崎福寿先生にはさまざまな励ましとアドバイスを頂いた。ここに謝意を表したい。

本書の示す経済学的な環境問題への処方箋は、海洋プラスチック問題解決や、サーキュラーエコノミー、そして、カーボンニュートラルを目指す社会にとって大きな方向性を示すものとなっていると信じている。しかし、その道筋は容易ではない。新版の執筆が始まってからも、ロシアのウクライナ侵攻など予想できない事態が発生し、石炭への回帰など脱炭素に逆行する動きもみられる。これらのグローバルな環境問題が本当に解決できるのかは、これからの我々人類の決断にかかっている。新版がこういった問題の解決に少しでも貢献できれば幸いである。

２０２３年２月

有村俊秀

## 《参考文献紹介》

新書という性格上、本書で参考にしたすべての文献をあげることはできないが、各分野についてもっと詳しく知りたい方は、まずは左記の文献を読まれるとよいだろう。

【環境経済学全般について】
栗山浩一・馬奈木俊介著『環境経済学をつかむ』（第4版）2020年、有斐閣

【環境経済学のより進んだ内容について】
有村俊秀・片山東・松本茂編著『環境経済学のフロンティア』2017年、日本評論社

【廃棄物】
ナショナル ジオグラフィック（編集）『脱プラスチック データで見る課題と解決策（ナショナル ジオグラフィック 別冊）』2021年、日経ナショナル ジオグラフィック
小島道一著『リサイクルと世界経済　貿易と環境保護は両立できるか』2018年、中公新書
保坂直紀著『海洋プラスチック　永遠のごみの行方』2020年、角川新書

細田衛士著『グッズとバッズの経済学　循環型社会の基本原理』（第2版）2012年、東洋経済新報社

【大気汚染について】
有村俊秀・岩田和之『環境規制の政策評価　環境経済学の定量的アプローチ』2011年、SUP上智大学出版
政野淳子『四大公害病——水俣病、新潟水俣病、イタイイタイ病、四日市公害』2013年、中公新書

【気候変動について】
天野明弘『排出取引——環境と発展を守る経済システムとは』2009年、中公新書
有村俊秀・杉野誠・鷲津明由編著『カーボンプライシングのフロンティア　カーボンニュートラル社会のための制度と技術』2022年、日本評論社
有村俊秀・蓬田守弘・川瀬剛志編『地球温暖化対策と国際貿易　排出量取引と国境調整措置をめぐる経済学・法学的分析』2012年、東京大学出版会
肱岡靖明著『気候変動への「適応」を考える　不確実な未来への備え』2021年、丸善出版

真鍋淑郎・アンソニー・J・ブロッコリー著（増田耕一・阿部彩子監訳）『地球温暖化はなぜ起こるのか　気候モデルで探る 過去・現在・未来の地球』２０２２年、講談社ブルーバックス
三村信男（監修）『気候変動適応策のデザイン　Designing Climate Change Adaptation』２０１５年、クロスメディア・マーケティング（インプレス）

【環境関連データ】

環境省著『環境白書・循環型社会白書・生物多様性白書』２０２２年
https://www.env.go.jp/policy/hakusyo/
農林水産省著『気候変動適応ガイド』
https://www.maff.go.jp/j/seisan/kankyo/ondanka/index.html

イラスト／つかもとかずき
図表作成／ケー・アイ・プランニング（5章以降）

有村俊秀（ありむら・としひで）

1968年千葉県生．92年東京大学教養学部教養学科卒業，94年筑波大学環境科学研究科修士課程修了．94年ミネソタ大学大学院留学．Ph.D.（経済学）．上智大学経済学部教授などを経て，現在，早稲田大学・政治経済学術院教授，同大学環境経済経営研究所所長，経済産業研究所ファカルティフェロー．環境経済・政策学会会長．環境経済・政策学会学術賞及び市村地球環境学術賞受賞．

著書『環境経済学のフロンティア』（日本評論社，2017，共編著）
『カーボンプライシングのフロンティア』（日本評論社，2022，共編著）

日引 聡（ひびき・あきら）

1961年京都府生．85年上智大学経済学部卒業，90年東京大学大学院経済学研究科博士課程修了．国立公害研究所研究員，国立環境研究所室長，東京工業大学准教授（連携併任），上智大学教授などを経て，現在，東北大学大学院経済学研究科教授，同大学政策デザイン研究センター長，経済産業研究所コンサルティングフェロー，国立環境研究所連携研究グループ長，前環境経済・政策学会会長．

入門《にゅうもん》 環境経済学《かんきょうけいざいがく》 新版
中公新書 *2751*

2023年 4 月25日発行

著　者　有 村 俊 秀
　　　　日 引　 聡
発行者　安 部 順 一

本文印刷　三晃印刷
カバー印刷　大熊整美堂
製　　本　小泉製本

発行所　中央公論新社
〒100-8152
東京都千代田区大手町 1-7-1
電話　販売 03-5299-1730
　　　編集 03-5299-1830
URL https://www.chuko.co.jp/


Published by CHUOKORON-SHINSHA, INC.
Printed in Japan　ISBN978-4-12-102751-1 C1233

# 中公新書刊行のことば

いまからちょうど五世紀まえ、グーテンベルクが近代印刷術を発明したとき、書物の大量生産は潜在的可能性を獲得し、いまからちょうど一世紀まえ、世界のおもな文明国で義務教育制度が採用されたとき、書物の大量需要の潜在性が形成された。この二つの潜在性がはげしく現実化したのが現代である。

いまや、書物によって視野を拡大し、変りゆく世界に豊かに対応しようとする強い要求を私たちは抑えることができない。この要求にこたえる義務を、今日の書物は背負っている。だが、その義務は、たんに専門的知識の通俗化をはかることによって果たされるものでもなく、通俗的好奇心にうったえて、いたずらに発行部数の巨大さを誇ることによって果たされるものでもない。現代を真摯に生きようとする読者に、真に知るに価いする知識だけを選びだして提供すること、これが中公新書の最大の目標である。

私たちは、知識として錯覚しているものによってしばしば動かされ、裏切られる。私たちは、作為によってあたえられた知識のうえに生きることがあまりに多く、ゆるぎない事実を通して思索することがあまりにすくない。中公新書が、その一貫した特色として自らに課すものは、この事実のみの持つ無条件の説得力を発揮させることである。現代にあらたな意味を投げかけるべく待機している過去の歴史的事実もまた、中公新書によって数多く発掘されるであろう。

中公新書は、現代を自らの眼で見つめようとする、逞しい知的な読者の活力となることを欲している。

一九六二年一一月

2000 戦後世界経済史 猪木武徳
2185 経済学に何ができるか 猪木武徳
2659 経済社会の学び方 猪木武徳
1936 アダム・スミス 堂目卓生
2679 資本主義の方程式 小野善康
2307 ベーシック・インカム 原田 泰
2388 人口と日本経済 吉川 洋
2338 財務省と政治 清水真人
2541 平成金融史 西野智彦
2041 行動経済学 依田高典
2501 現代経済学 瀧澤弘和
1658 戦略的思考の技術 梶井厚志
1824 経済学的思考のセンス 大竹文雄
2045 競争と公平感 大竹文雄
2447 競争社会の歩き方 大竹文雄
2724 行動経済学の処方箋 大竹文雄
2575 移民の経済学 友原章典
2473 人口減少時代の都市 諸富 徹
2743 入門 開発経済学 山形辰史
2571 アジア経済とは何か 後藤健太
2506 中国経済講義 梶谷 懐
2420 フィリピン―急成長する若き「大国」 井出穣治
2199 経済大陸アフリカ 平野克己
290 ルワンダ中央銀行総裁日記（増補版） 服部正也
2612 デジタル化する新興国 伊藤亜聖
2751 入門 環境経済学（新版） 日引 聡 有村俊秀

中公新書

## 経済・経営

g2